高等学校实践教学教材系列
21世纪应用型本

工程化程序设计
实验教程

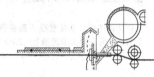

主　编　鞠全勇　张　玉
副主编　金　昊　牟福元　周黎英

内容提要

本书针对工程化程序设计课内实验环节以及建筑电气与智能化实验教学示范中心基于 LonWorks 总线的楼宇自动控制创新型实践教学平台设计出分项训练项目开发内容指导。主要包括两大类分项训练内容的开发、研究：第一大类：基础性分项训练内容：包括以下几个子系统基础性实验项目开发① 照明系统；② 给排水系统；③ 暖风空调系统；④ 电梯群控系统；⑤ 楼控各子系统集成方案。第二大类：综合性设计性分项训练内容：包括两大类① 项目组成员根据基础性分项训练内容的研究结果，提出工程应用的实际场景，并使得该内容的实践训练更加行之有效；② 提出前瞻性的工程项目背景，结合绿色、节能等主题，利用现有的研究结果和研究手段，设计出代表先进技术的训练项目。打破常规实验指导书按步骤做指导的思路，将必要的方法论和简单用例提供给学生，提出工程化的需求分析方案，让学生能够通过指导达到自己设计、自己实现、自己调试的目的，与毕业设计、工程实习接轨。

图书在版编目(CIP)数据

工程化程序设计实验教程 / 鞠全勇,张玉主编. —
上海：上海交通大学出版社，2015(2018 重印)
ISBN 978-7-313-13653-4

Ⅰ.①工… Ⅱ.①鞠…②张… Ⅲ.①智能建筑—自动化系统—系统设计—教材 Ⅳ.①TU855

中国版本图书馆 CIP 数据核字(2015)第 211258 号

工程化程序设计实验教程

主　　编：鞠全勇　张　玉
出版发行：上海交通大学出版社　　　　地　　址：上海市番禺路 951 号
邮政编码：200030　　　　　　　　　　电　　话：021-64071208
出 版 人：谈毅
印　　制：常熟市文化印刷有限公司　　经　　销：全国新华书店
开　　本：787 mm×1092 mm　1/16　　印　　张：8
字　　数：179 千字
版　　次：2015 年 9 月第 1 版　　　　　印　　次：2018 年 12 月第 2 次印刷
书　　号：ISBN 978-7-313-13653-4/TU
定　　价：29.00 元

版权所有　侵权必究
告读者：如发现本书有印装质量问题请与印刷厂质量科联系
联系电话：0512-52219025

前　言

本书是根据高等院校建筑电气与智能化专业教学计划和教学大纲编写的。本书作为介绍建筑电气与智能化专业核心课程《工程化程序设计实验》的教材，已经通过部分高校四届本科毕业班学生的内部使用，效果良好。学生在实验过程中根据教材内容的指导能掌握一整套基于 LonWorks 总线技术的楼宇自控方案，充分发挥建筑电气与智能化实验中心的开放性实验平台的优越性，不仅可以在课内完成训练内容，还可以在课外时间拓展学习，与诸多高校目前配备的开放式实验教学管理平台相适应，并能与大学生实践创新训练项目和全国各类专业学科竞赛内容相匹配。《工程化程序设计实验》课程作为建筑电气与智能化专业大四学生的专业课开设，受到学生的好评，并获得校级优秀课程立项建设。

本书提供《工程化程序设计》课内实验 24 学时，前六章主要介绍课内需要完成的 6 个基本实验项目的设计要求及课外拓展性实验引导；第七章主要介绍完成该实验所需要的关键方法和关键技术介绍；第八章对完成本教材拓展性实验环节需要的软件管理平台做一简要介绍。通过本教材，使学生能充分掌握金陵科技学院与创协公司联合研制的照明与供配电系统教学实训装置；给排水自动控制系统教学实验平台；温、湿度集成控制实验教学装置；智能电梯群控系统综合实训平台；建筑灯光集中群控综合实训平台等设备的使用方法和智能建筑楼宇自动控制系统的设计实现方法，并能为学生的课程设计、毕业设计以及工程实训提供帮助。

本书针对工程化程序设计课内实验环节以及建筑电气与智能化实验教学示范中心基于 LonWorks 总线的楼宇自动控制创新型实践教学平台设计出分项训练项目开发内容指导。主要包括两大类分项训练内容的开发、研究：第一大类：基础性分项训练内容：包括以下几个子系统基础性实验项目开发：① 照明系统；② 给排水系统；③ 暖风空调系统；④ 电梯群控系统；⑤ 楼控各子系统集成方案。第二大类：综合性设计性分项训练内容：

包括两大类：① 项目组成员根据基础性分项训练内容的研究结果，提出工程应用的实际场景，并使得该项内容的实践训练更加行之有效；② 提出前瞻性的工程项目背景，结合绿色、节能等主题，利用现有的研究结果和研究手段，设计出代表先进技术的训练项目。打破常规实验指导书按步骤做指导的思路，将必要的方法论和简单用例提供给学生，提出工程化的需求分析方案，让学生能够通过指导达到自己设计、自己实现、自己调试的目的，与毕业设计、工程实习接轨。

本书由在教学、工程实习第一线多年从事建筑电气与智能化专业《工程实习》教学，课堂教学和实践实训教学经验丰富的教师执笔编写。第一章由鞠全勇编写，第二章由金昊编写，第三章由牟福元编写，第四章、第五章、第六章和第七章由张玉编写，第八章由周黎英编写。全书由张玉统稿。

本书主要作为本科院校建筑电气与智能化、电气工程及其自动化及其相关专业学生用书和教师教学参考书，也可供成人高校、电大、夜大、高职高专等不同层次建筑电气相关专业作为教材或参考书使用。

由于编者编写水平有限，对书中存在的不当和错误之处，恳请使用本书的教师和广大读者提出宝贵意见和建议，以便加以完善，在此表示谢意。也对编写本书给予我们支持和帮助的众位老师、南京创协科技有限公司相关技术人员以及金陵科技学院建筑电气与智能化专业本科毕业生2012届张学海同学、吴玉杰同学、2013届陈建东同学、2014届刘国举同学、2015届陶少俊同学、田爱刚同学一并表示感谢。

编　者

2015年7月

实验须知

1) 每个同学必须按任课教师的要求，预先分组在规定时间内及时进入实验室进行规定实验。

2) 爱护公共财产及实验室设备，未经教师允可不得随便动用与本实验无关的设备仪器。

3) 每次实验前必须做好充分准备，弄清实验要求、目的、内容以及步骤。理解实验的基本原理。实验前每个学生必须认真回答教师提出的与本实验相关的问题。对必须预习才能进行实验的项目，教师有权对未预习的学生做出实验停做、缓做的决定。

4) 实验完毕，及时整理、清扫实验现场，按数交回实验设备及工具。经教师或实验室工作人员检查同意后方可离去。

5) 试验过程必须认真、大胆、细心。出现异常现象要及时报告。试验过程中，损坏仪器、工具、零件材料等必须及时与任课教师联系，并写出书面损坏过程及程度的报告，由实验教师查证后，视具体情况要求相关学生做出相应赔偿，事故检查，正常报废等处理方案。

6) 基础性实验项目在课内实验学时完成，拓展性实验项目在自主学习时间完成。实验报告内容应包括基础性实验项目的完成情况记录和课后思考题解答。

7) 特别提醒：由于本课程中实验所使用到的仪器都是精密仪器，所以请同学们要小心使用，尤其不要擅自更改实验平台里面的连线，以免发生意外。

8) 注意：当连接 Lon 总线时，须将两根 Lon 线均匀对绞，无须区分极性。

9) 实验完毕，请对所创建的设备点击右键，选择菜单中的 delete 操作，并观察 credits 的变化情况。

目 录

第一章 公共照明控制系统 ·· 1

第二章 给排水自动控制及远程抄表系统 ·· 16

第三章 温度与湿度控制系统 ·· 24

第四章 电梯群控系统 ·· 35

第五章 智能照明控制系统 ··· 42

第六章 智能建筑系统集成 ··· 46

第七章 工程化软件实现方法 ·· 48

第八章 开放性实验管理平台 ··· 114

第一章 公共照明控制系统

一、实验简介

在智能建筑中,电气照明是衡量向人们提供一个安全、高效、舒适、便利的建筑环境的一项重要指标。智能建筑中,照明系统的用电量仅次于空调系统。如何既保证照明质量又节约能源,不仅是照明控制的主要内容,也是智能建筑设备自动化系统(BAS)运行管理的一个重要组成部分。

本实验以建筑电气与智能化实验中心现有的实验装置为基础,以 Lon 总线控制网络为实验平台,重点掌握绿色智能建筑公共照明控制系统的基本原理和设计实现的方法。

二、实验目的

1) 了解 LonWorks 技术原理。
2) 掌握基于 LonWorks 技术照明与供配电系统的工作原理。
3) 掌握基于 LonWorks 技术照明与供配电系统的安装与连接,能够独立构建照明与供配电系统。
4) 掌握使用 LonMaker 对照明与供配电系统进行组网。
5) 掌握使用 InTouch 的图形化编程工具进行用户界面的设计实现方法。
6) 结合案例进行绿色智能建筑公共照明控制系统的方案设计,并进行方案比对。

三、实验设备

1) 本实验采用南京创协科技有限公司与金陵科技学院联合研制的灯光智能控制 CXT-SS100-HZ 实验台装置,该设备是一种基于 LonWorks 技术的现场总线综合实验教学装置(见图 1-1),集成照明与供配电控制子系统以及消防应急疏散指挥子系统。
2) 工控机 1 台。
3) U10 USB 网络接口卡 1 个。

图 1-1　CXT-SS100-HZ 实验台

四、实验原理

实验装置见图 1-2。

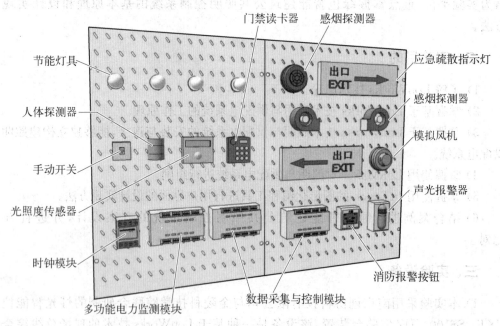

图 1-2　CXT-SS100-HZ 实验台装置图

基于 LonWorks 技术的照明与供配电系统教学实训装置(包括网孔板),网孔板上安装有光照度传感器、人体探测器、手动开关、灯与时钟模块、AI/AO 模拟量输入输出模块、DI/DO 数字量输入输出模块和多功能电力监测表,光照度传感器和 AI/AO 模拟量输入输出模块相连,人体探测器及手动开关均与 DI/DO 数字量输入输出模块相连,灯与 AI/AO 模拟量输入输出模块均与 DI/DO 数字量输入输出模块相连,时钟模块、AI/AO 模拟量输入输出模块、DI/DO 数字量输入输出模块与多功能电力监测表均通过 LonWorks 网络与照明与供配电上位机相连。

通过 PC 机上面的人机界面,可以更加直观地了解灯光智能控制系统的监控过程。其组成框图如图 1-3 所示。

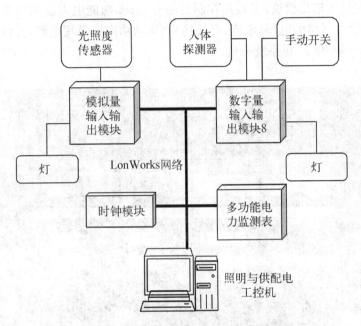

图 1-3　照明与供配电系统组成框图

照明与供配电控制子系统包含照度控制、定时控制、门禁控制、人体检测控制、手动控制及电能质量在线监测等系统实物模型,其装置主要由标准机架式网孔板、节能灯具、光照度传感器、门禁读卡器、人体探测器、手动开关、时钟模块、数据采集与控制模块、多功能电力监测模块等构成。消防应急疏散指挥子系统包含感烟、感温探测、风机控制、应急疏散指示灯控制系统等实物模型,其装置主要由标准机架式网孔板、温度传感器、烟感探测器、消防报警按钮、声光报警器、模拟风机、应急疏散指示标志以及数据采集与控制模块等构成。

该系统装置融合了传感技术、自动化控制技术和总线通信技术,利用组态设计开发、编程,可实现本地或远程监控主机对系统装置内所有监控终端实时在线监测和对执行机构进行手动或自动综合控制,真实模拟楼宇内各系统的智能化综合控制处理过程。

五、基础性实验项目

1) 智能建筑总线控制系统认知实验。
2) 智能建筑总线控制系统及常用设备安装与调试实训。

3) 智能灯光系统组态控制设计综合实验。

4) 照明与消防联动组态集成控制设计综合实验。

5) 设计人机交互界面如图 1-4 所示，实现如下灯光控制和能耗监测功能：AI/AO 模拟量输入输出模块可以实时采集到光照度传感器的照度信号，同时也将采集到的信号传输至 LonWorks 控制网络上，AI/AO 模拟量输入输出模块与 DI/DO 数字量输入输出模块从 LonWorks 网络上读取的信息，控制灯的开关以及照度的变化；手动开关连接至 DI/DO 数字量输入输出模块，可直接控制灯的开关；多功能电力监测表接入照明供电回路，实时监测供电回路的电压、电流、有功功率、无功功率以及用电量，并将监测到的信息传输至 LonWorks 网络，供系统分析。

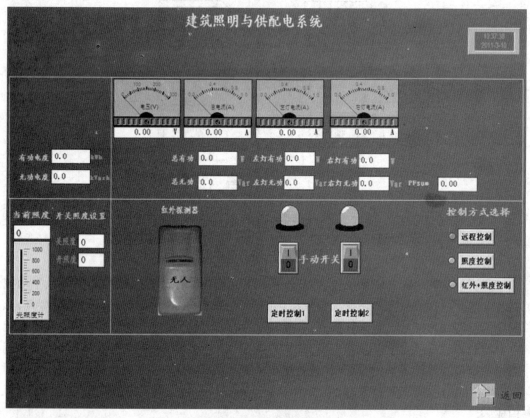

图 1-4　照明与供配电远程控制人机交互界面图

系统运行中同时可实现对供电回路的电能质量检测（包括电压、电流、有用功、无用功、总功率等），提供图形输出、报表统计输出功能，可为系统用电提供有力的分析依据。时钟模块连接至 LonWorks 网络，提供时钟定时控制功能，可设置多种定时输出模式并输出至 LonWorks 控制网络，模拟量输入输出模块与 DI/DO 数字量输入输出模块从 LonWorks 网络上读取到定时控制信号时，同时控制灯的开关及照度的变化；定时器设计界面如图 1-5 所示。

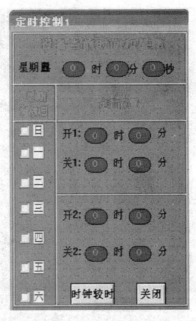

图1-5 定时器

六、拓展性实验项目

1）可根据多条件混合输入控制实现灯的智能化控制。控制举例如下：LonWorks 网络实时判断光照度传感器感测的当前照度值是否满足照度条件，当人体探测器输出人体触发信号，且当前照度已满足照度要求时，则不打开灯或打开部分灯。

2）设计用户界面实现以下几种控制方式：

（1）远程控制。通过对 4DI4DO 模块中 nvi_control_m 变量的控制来实现控制方式。当 nvi_control_m＝0 时，为远程控制方式。此时只能通过网络给 nvi_DO1_c～nvi_DO4_c（本实验只用到 DO1，DO2 两个）四个输入网络变量发送数据来控制 DO1～DO4 四个开关量输出的分、合。

（2）照度控制。通过对 4DI4DO 模块中 nvi_control_m 变量的控制来实现控制方式。当 nvi_control_m＝1 时，为照度/远程控制方式。此时，如果从输入网络变量获得的照度值＜照度低门限，则同时打开左灯（DO1）和右灯（DO2）；如果获得的照度值＞照度高门限，则同时关闭左灯和右灯。也可通过网络给 nvi_DO1_c～nvi_DO1_c 四个输入网络变量发送数据来控制 DO1～DO4 四个开关量输出的分、合。

（3）定时控制。通过对 4DI4DO 模块中 nvi_control_m 变量的控制来实现控制方式。当 nvi_control_m＝2 时，为（红外感应＋照度）/远程控制方式。此时，如果红外传感器的干触点输出闭合且照度值＜照度低门限，则打开左灯；如果红外传感器的干触点输出断开，则关闭左灯。也可通过网络给 nvi_DO1_c～nvi_DO1_c 四个输入网络变量发送数据来控制 DO1～DO4 四个开关量输出的分、合。

（4）联动控制。设计人体感应控制、门禁控制、感烟联动报警控制、感温联动报警控制、报警按钮联动报警控制等联动控制方式界面如图 1-6 所示。根据灾害发生与发展的

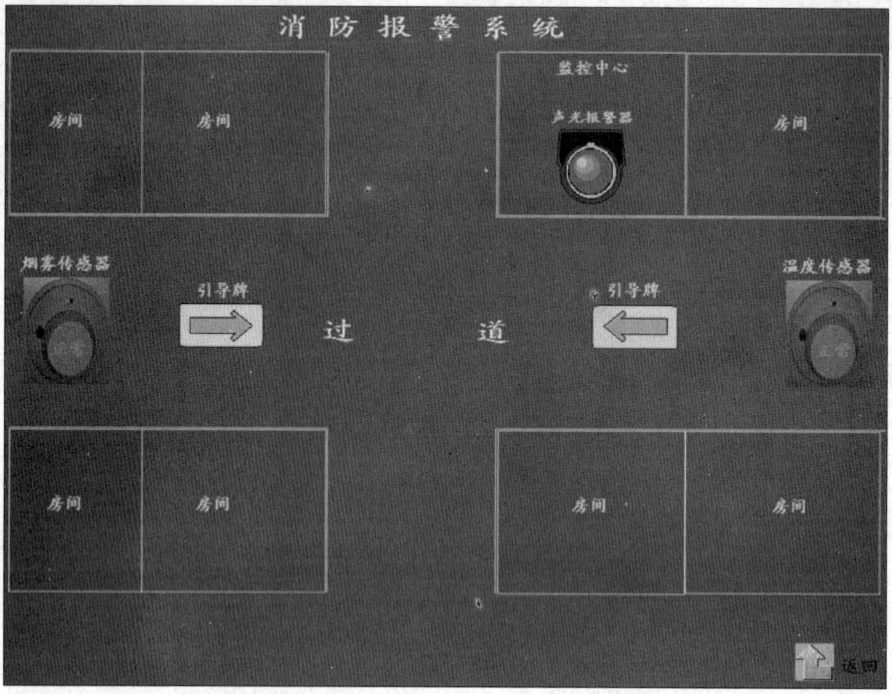

图 1-6 消防应急疏散及联动控制界面图

突然性、随机性和不可预知性的特点,系统能根据现场灾情,动态地模拟人员疏散方向和避险位置;设计火灾报警数据统计功能,对事后灾情分析提供有力依据。

3) 绿色智能建筑节能计耗方案设计:通过对建筑使用此系统前后用电量的比较,可以得出此照明控制系统的节能效果。(系统是否因为采用此方案而减少了不必要的浪费,如:达到照度要求后的照明,因遗忘而持续的照明)控制流程如图 1-7 所示:

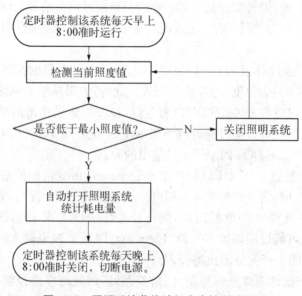

图 1-7 照明系统节能计耗方案控制流程图

七、本实验需查阅的方法提示

1) LonMaker 实现部分：组网步骤和方法请参考第七章第 2 节 LonMaker 组网方法介绍，完成以下网络拓扑，如图 1-8 所示。

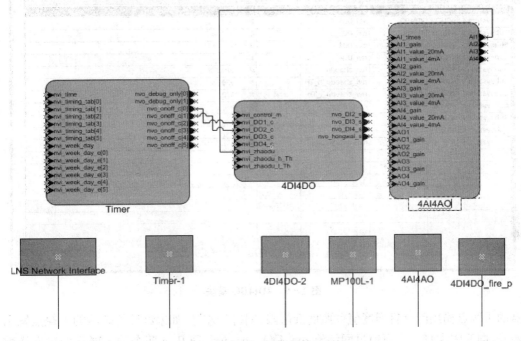

图 1-8　网络拓扑

2) 网络变量说明：使用 LonMaker Browser 方法查看每个模块的网络变量状态值，确认模块工作正常后再进行用户界面开发。

（1）4DI4DO 模块（图 1-9）

nvi_DO1_c：左灯开关。

nvi_DO2_c：右灯开关。

nvi_DO3_c：留空，作二次开发用。

nvi_DO4_c：留空，作二次开发用。

nvi_zhaodu：即时照度值。

nvi_control_m：

当 nvi_control_m＝0 时，为远程控制方式。此时只能通过网络给 nvi_DO1_c～nvi_DO4_c 四个输入网络变量发送数据来控制 DO1～DO4 四个开关量输出的分、合。

当 nvi_control_m＝1 时，为照度/远程控制方式。此时，如果从输入网络变量获得的照度值＜照度低门限，则同时打开左灯（DO1）和右灯（DO2）；如果获得的照度值＞照度高门限，则同时关闭左灯和右灯。也可通过网络给 nvi_DO1_c～nvi_DO1_c 四个输入网络变量发送数据来控制 DO1～DO4 四个开关量输出的分、合。

当 nvi_control_m＝2 时，为（红外感应＋照度）/远程控制方式。此时，如果红外传感

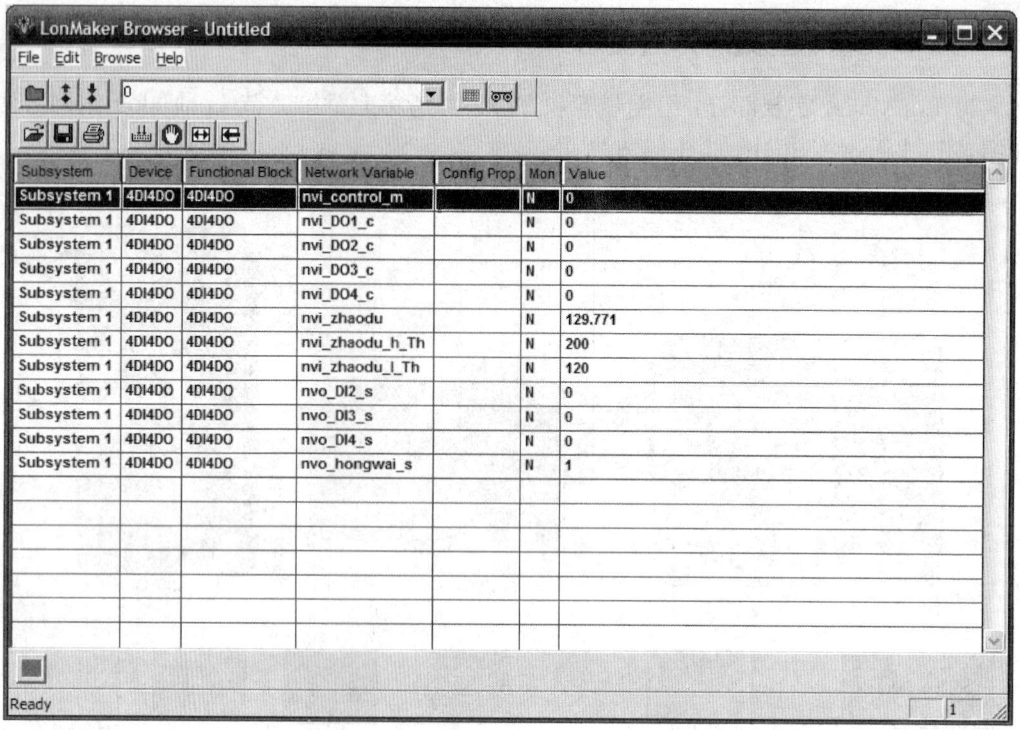

图 1-9　4DI4DO 模块

器的干触点输出闭合且照度值<照度低门限,则打开左灯;如果红外传感器的干触点输出断开,则关闭左灯。也可通过网络给 nvi_DO1_c～nvi_DO1_c 四个输入网络变量发送数据来控制 DO1～DO4 四个开关量输出的分、合。

nvi_zhaodu_h_Th:照度高门限(关照度)。

nvi_zhaodu_l_Th:照度低门限(开照度)。

nvo_DI2_s:留空,作二次开发用。

nvo_DI3_s:留空,作二次开发用。

nvo_DI4_s:留空,作二次开发用。

nvo_hongwai_s:红外传感器状态(0 表示"无人";1 表示"有人")。

(2) 4AI4AO 模块(图 1-10)

AI_times:采集 AI_times 次后,去掉最大值和最小值之后求平均值为 AI 值,3<=AI_times<=30。

AI1_gain:模拟量输入 1 的增益,用于修正模拟量输入 1 的测量值。

AI1_value_4mA:AI1 为 4 mA(0～20 mA 或 4～20 mA)或 0.96 V 或 1.92 V(0～10 V)时对应的输入模拟量的值。

AI1_value_20mA:AI1 为 20 mA(0～20 mA 或 4～20 mA)或 4.8 V(0～5 V)或 9.6 V(0～10 V)时对应的输入模拟量的值。

(3) MP100 模块(图 1-11)

nviCT:留空,作二次开发用。

图 1-10 4AI4AO 模块

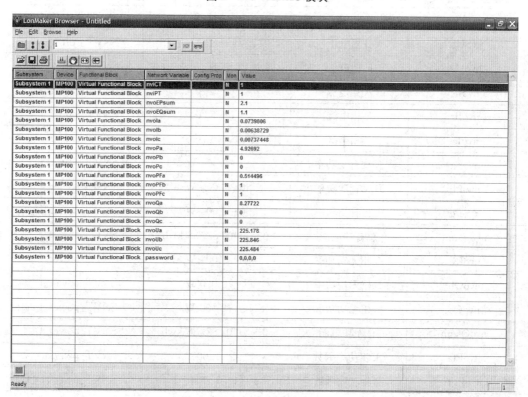

图 1-11 MP100 模块

nviPT:留空,作二次开发用。
password:留空,作二次开发用。
nvoEPsum:总有功电度。
nvoEQsum:总无功电度。
nvoIa:总电流。
nvoIb:右灯电流。
nvoIc:左灯电流。
nvoPa:总有功。
nvoPb:右灯有功。
nvoPc:左灯有功。
nvoQa:总无功。
nvoQb:右灯无功。
nvoQc:左灯无功。
nvoPFa:相功率因数。
nvoUa:电压。

表 1-1 电力测量数据(三相电压、电流、有功功率、无功功率、功率因数、有功电量、无功电量等)

变量名称	说明	数值范围	数据类型
nvoUa	A 相电压	0~380 V	SNVT_volt_f
nvoUb	B 相电压	0~380 V	SNVT_volt_f
nvoUc	C 相电压	0~380 V	SNVT_volt_f
nvoIa	A 相电流	0~5 A	SNVT_amp_f
nvoIb	B 相电流	0~5 A	SNVT_amp_f
nvoIc	C 相电流	0~5 A	SNVT_amp_f
nvoPa	A 相有功功率	0~2 000 W	SNVT_power_f
nvoPb	B 相有功功率	0~2 000 W	SNVT_power_f
nvoPc	C 相有功功率	0~2 000 W	SNVT_power_f
nvoPsum	总有功电能	0~3.402 82E38 kwh	SNVT_power_f
nvoQa	A 相无功功率	0~2 000 W	SNVT_power_f
nvoQb	B 相无功功率	0~2 000 W	SNVT_power_f
nvoQc	C 相无功功率	0~2 000 W	SNVT_power_f
nvoQsum	总无功电能	0~3.402 82E38 kwh	SNVT_power_f
nvoPfa	A 相功率因数	0~1.000	SNVT_pwr_fact_f
nvoPFb	B 相功率因数	0~1.000	SNVT_pwr_fact_f
nvoPFc	C 相功率因数	0~1.000	SNVT_pwr_fact_f

(4) Timer 定时器(图 1－12)

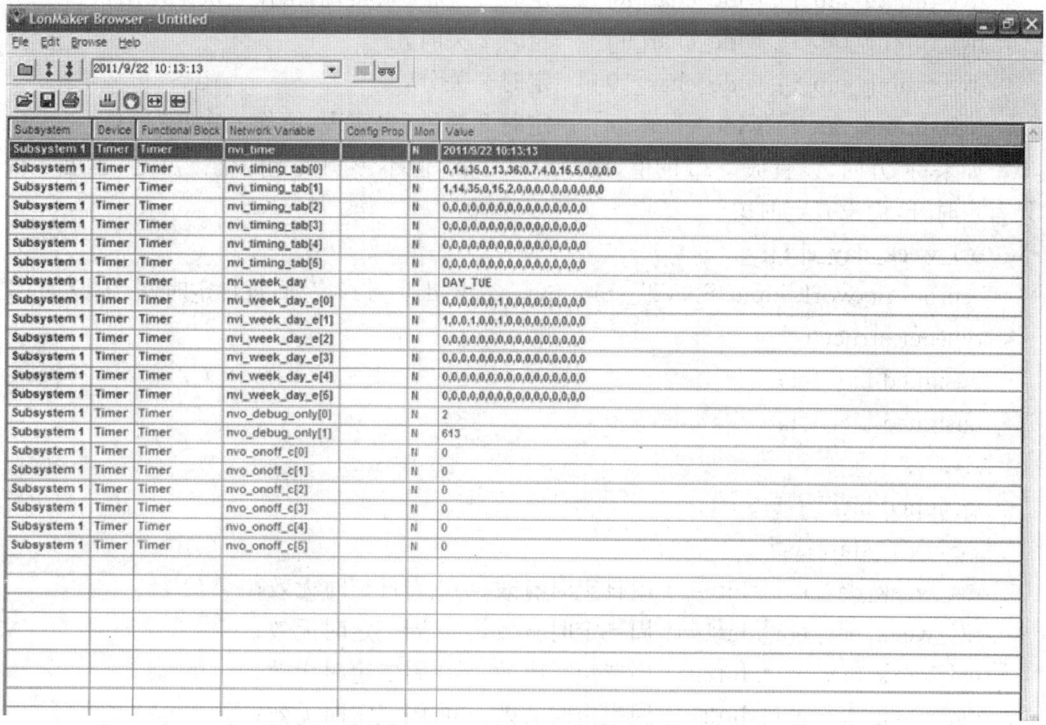

Subsystem	Device	Functional Block	Network Variable	Config Prop	Mon	Value
Subsystem 1	Timer	Timer	nvi_time		N	2011/9/22 10:13:13
Subsystem 1	Timer	Timer	nvi_timing_tab[0]		N	0,14,35,0,13,36,0,7,4,0,15,5,0,0,0,0
Subsystem 1	Timer	Timer	nvi_timing_tab[1]		N	1,14,35,0,15,2,0,0,0,0,0,0,0,0,0,0
Subsystem 1	Timer	Timer	nvi_timing_tab[2]		N	0,0,0,0,0,0,0,0,0,0,0,0,0,0,0,0
Subsystem 1	Timer	Timer	nvi_timing_tab[3]		N	0,0,0,0,0,0,0,0,0,0,0,0,0,0,0,0
Subsystem 1	Timer	Timer	nvi_timing_tab[4]		N	0,0,0,0,0,0,0,0,0,0,0,0,0,0,0,0
Subsystem 1	Timer	Timer	nvi_timing_tab[5]		N	0,0,0,0,0,0,0,0,0,0,0,0,0,0,0,0
Subsystem 1	Timer	Timer	nvi_week_day		N	DAY_TUE
Subsystem 1	Timer	Timer	nvi_week_day_e[0]		N	0,0,0,0,0,0,1,0,0,0,0,0,0,0,0,0
Subsystem 1	Timer	Timer	nvi_week_day_e[1]		N	1,0,0,1,0,0,1,0,0,0,0,0,0,0,0,0
Subsystem 1	Timer	Timer	nvi_week_day_e[2]		N	0,0,0,0,0,0,0,0,0,0,0,0,0,0,0,0
Subsystem 1	Timer	Timer	nvi_week_day_e[3]		N	0,0,0,0,0,0,0,0,0,0,0,0,0,0,0,0
Subsystem 1	Timer	Timer	nvi_week_day_e[4]		N	0,0,0,0,0,0,0,0,0,0,0,0,0,0,0,0
Subsystem 1	Timer	Timer	nvi_week_day_e[5]		N	0,0,0,0,0,0,0,0,0,0,0,0,0,0,0,0
Subsystem 1	Timer	Timer	nvo_debug_only[0]		N	2
Subsystem 1	Timer	Timer	nvo_debug_only[1]		N	613
Subsystem 1	Timer	Timer	nvo_onoff_c[0]		N	0
Subsystem 1	Timer	Timer	nvo_onoff_c[1]		N	0
Subsystem 1	Timer	Timer	nvo_onoff_c[2]		N	0
Subsystem 1	Timer	Timer	nvo_onoff_c[3]		N	0
Subsystem 1	Timer	Timer	nvo_onoff_c[4]		N	0
Subsystem 1	Timer	Timer	nvo_onoff_c[5]		N	0

图 1－12 Timer 定时器

(如表 1－1 所示)

nvi_time: 设备当前时间。

nvi_week_day: 设备当前星期。

nvi_timing_tab[i]:

eeprom network input SNVT_str_int nvi_timing_tab[i];//定时表

typedef struct {

unsigned short char_set;

unsigned long wide_char[15];

} SNVT_str_int;

nvi_timing_tab[i]. char_set 该元素对应 nvo_onoff_c[i]的 i。(如该元素＝4 时,本组定时开关时间到时,更新 nvo_onoff_c[4])。

nvi_timing_tab[i]. wide_char[0]　　定时 1 开时,

nvi_timing_tab[i]. wide_char[1]　　定时 1 开分,

nvi_timing_tab[i]. wide_char[2]　　定时 1 开秒(未实现,留作二次开发用),

nvi_timing_tab[i]. wide_char[3]　　定时 1 关时,

nvi_timing_tab[i]. wide_char[4]　　定时 1 关分,

nvi_timing_tab[i]. wide_char[5]　　定时 1 关秒(未实现,留作二次开发用),

nvi_timing_tab[i]. wide_char[6]　　定时 2 开时,

nvi_timing_tab[i].wide_char[7]　　　定时2开分，
nvi_timing_tab[i].wide_char[8]　　　定时2开秒(未实现,留作二次开发用)，
nvi_timing_tab[i].wide_char[9]　　　定时2关时，
nvi_timing_tab[i].wide_char[10]　　 定时2关分，
nvi_timing_tab[i].wide_char[11]　　 定时2关秒(未实现,留作二次开发用)，

如果将"开时"设置成>23的值,则开定时无效,但不影响关定时器。反之,也可实现只有定时开,而没有定时关。

nvi_week_day_e[i]:
eeprom network input SNVT_state nvi_week_day_e[i];//周每日定时开/关设置
typedef struct {
unsigned bit0：1;
unsigned bit1：1;
．．．．
unsigned bit15：1;
} SNVT_state;
nvi_week_day_e[i].bit0=1周日定时有效,=0周日定时无效；
nvi_week_day_e[i].bit1=1周一定时有效,=0周一定时无效；
nvi_week_day_e[i].bit2=1周二定时有效,=0周二定时无效；
nvi_week_day_e[i].bit3=1周三定时有效,=0周三定时无效；
nvi_week_day_e[i].bit4=1周四定时有效,=0周四定时无效；
nvi_week_day_e[i].bit5=1周五定时有效,=0周五定时无效；
nvi_week_day_e[i].bit6=1周六定时有效,=0周六定时无效。

注：nvi_timing_tab[i]和nvi_week_day_e[i]是一一对应的(例如nvi_week_day_e[2]只对nvi_timing_tab[2]有效)。

network input SNVT_time_stamp nvi_time;//current time
typedef struct {
signed long year;
unsigned short month;
unsigned short day;
unsigned short hour;
unsigned short minute;
unsigned short second;
} SNVT_time_stamp;

nvo_onoff_c[onoff_n]: 开关控制输出网络变量。

(5) 4DI4DO_fire自动报警模块如图1-13所示。
nvi_alarm_c: 声光报警器控制(1为报警;0为正常)，
nvi_l_light_c: 左灯控制(1为开;0为关)，
nvi_r_light_c: 右灯控制(1为开;0为关)，

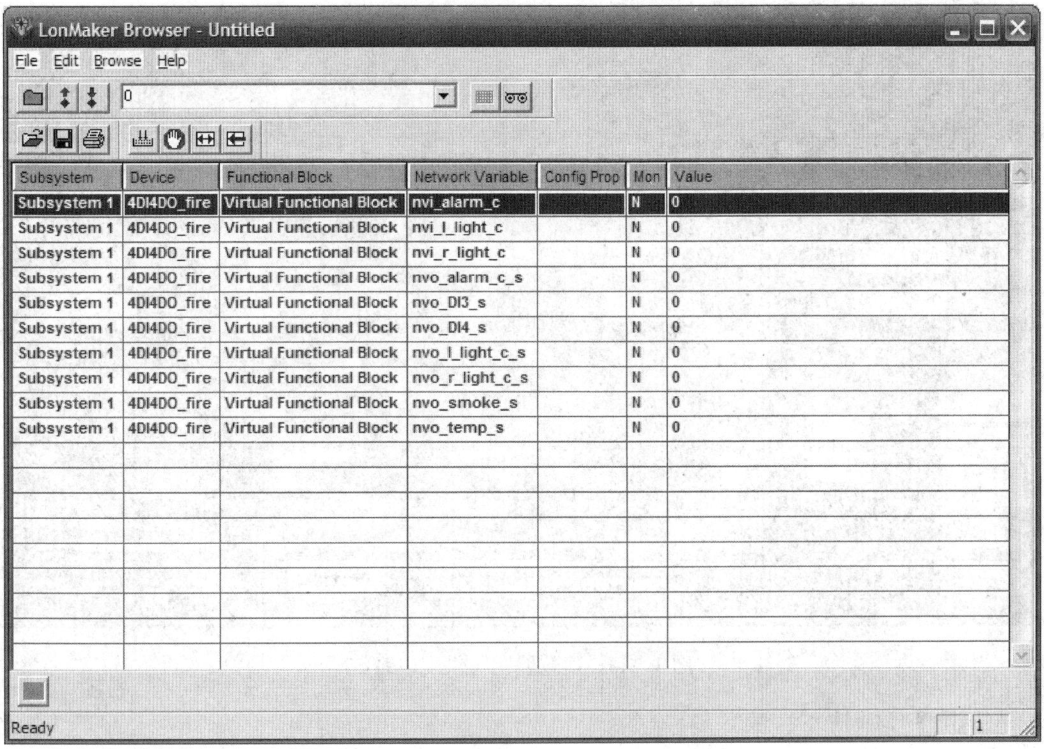

图 1-13 4DI4DO_fire 自动报警模块

nvo_alarm_c_s：声光报警器状态（1 为报警；0 为正常），

nvo_DI3_s：留空，作二次开发用，

nvo_DI4_s：留空，作二次开发用，

nvo_l_light_c_s：左灯控制状态（1 为开；0 为关），

nvo_r_light_c_s：右灯控制状态（1 为开；0 为关），

nvo_temp_s：温感状态（1 为开；0 为关），

nvo_smoke_s：烟感状态（1 为开；0 为关）。

3）InTouch 实现部分

如图 1-14 所示：

1-1、1-2、1-3 及 1-4 参考 InTouch 实用方法介绍方法 5；

2-1 到 2-16 参考 InTouch 实用方法介绍方法 6；

3-1 参考 InTouch 实用方法介绍方法 4；

4-1 与 4-2 参考 InTouch 实用方法介绍方法 3；

5-1 与 5-2 参考 InTouch 实用方法介绍方法 8；

6-1、6-2 及 6-3 参考 InTouch 实用方法介绍方法 9；

7-1、7-2 及 7-3 参考 InTouch 实用方法介绍方法 7；

8-1 参考 InTouch 实用方法介绍方法 7；

9-1 参考 InTouch 实用方法介绍方法 15；

其他文字编辑参考 InTouch 实用方法介绍方法 7、10 与方法 11。

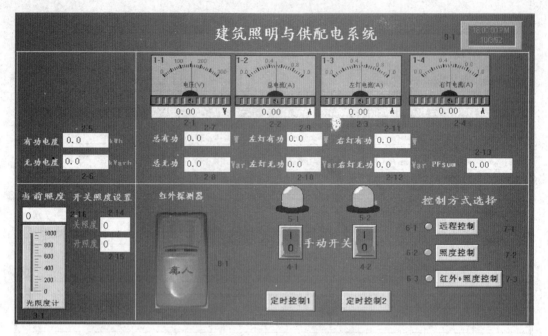

图 1-14　建筑照明与供配电系统

如图 1-15 所示：

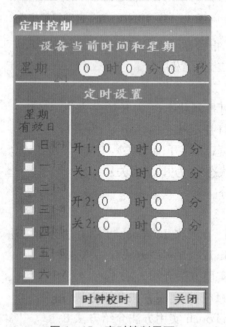

图 1-15　定时控制界面

定时控制的文本参考 InTouch 实用方法介绍方法 11；
1-1 至 1-7 参考 InTouch 实用方法介绍方法 12；
数值显示参考 InTouch 实用方法介绍方法 6；
2-1 参考 InTouch 实用方法介绍方法 11；

3-1与3-2参考InTouch实用方法介绍方法7。
如图1-16所示：

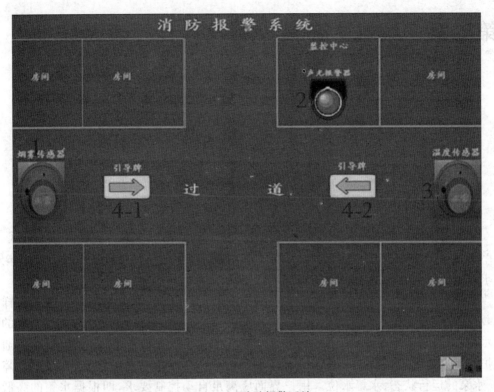

图1-16 消防报警系统

1与3参考InTouch实用方法介绍方法16；
2参考InTouch实用方法介绍方法17；
4-1与4-2参考InTouch实用方法介绍方法17。

八、课后思考题

1）设备网络接口的作用是什么？其基本组成部分有哪些？LonMaker组网界面上，Device与Functional Block有什么对应关系？

2）Plug-in的作用是什么？请通过LonMaker Browser查看4DI/DO模块的控制方式网络变量nvi_control_m的值，阅读网络变量说明书中该方式值的取值范围，将其依次设置为0、1、2，并分别改变nvi_zhaodu_h_Th、nvi_zhaodu_l_Th与nvo_hongwai_s的值，记录执行结果。通过实验，你认为LonMaker Browser属于Plug-in的范畴吗？

3）有几种变换方式，在不改变接线的情况下，可以实现InTouch界面上右侧开关控制左灯，左侧开关控制右灯？

第二章　给排水自动控制及远程抄表系统

一、实验简介

建筑物内部的基本给水方式有以下几种：直接给水方式、水泵水箱联合给水方式、水泵给水方式、分区供水的给水方式。给排水控制系统属于建筑设备自动化系统的一部分，要求其运行安全可靠、实现水泵的最佳运行控制。

给排水控制系统的监控目的是实现给排水的合理调度，即无论用户用水量怎样变化，小区中各个水泵都能及时改变其运行方式。给排水监控系统需随时监测大楼的给排水量，并自动储水及排水，当系统出现异常情况或者需要维护时，及时发出信号，通知维护管理人员处理。给排水系统的监控主要包括水泵的自动启停控制、水泵的故障报警、水泵的运行状态、水箱水位。用户界面应满足自动控制要求，即根据水箱的高低水位信号来控制水泵的启/停，并且进行溢水和枯水预警。当水泵出现故障时，备用水泵自动投入工作，同时发出警报。当发生火灾需要进行喷水灭火时，能够立即启动消防泵。

本实验以建筑电气与智能化实验中心现有实验装置为基础，以 Lon 总线控制网络为实验平台，重点掌握绿色智能建筑给排水控制系统的基本原理和远程抄表系统的设计实现方法。

二、实验目的

1) 了解 LonWorks 技术原理。
2) 掌握基于 LonWorks 技术给排水自动控制系统的工作原理。
3) 掌握基于 LonWorks 技术给排水自动控制系统的安装与连接，使学生能够独立构建给排水自动控制系统和远程抄表系统。
4) 会使用 LonMaker 对给排水自动控制系统进行组网。
5) 掌握使用 InTouch 的图形化编程工具进行用户界面的设计实现方法。

三、实验设备

1) 本实验采用南京创协科技有限公司与金陵科技学院联合研制的给排水自动控制

系统 CXT-SS100 教学实验平台,如图 2-1 所示。其硬件及软件如下：LonWorks 控制模块一个、智能电表及智能水表各一个、给水泵、供水泵及排水泵各一个、液位传感器两个、水电表抄表网关一个、生活水池、供水池及排水池各一个、水阀一个、LonWorks 网关一个、OPCLink、Opcserver、InTouch、LonMaker；

图 2-1　CXT-SS100 教学实验平台

2) 工控机 1 台；
3) U10 USB 网络接口卡 1 件。

四、实验原理

实验装置如图 2-2 所示。

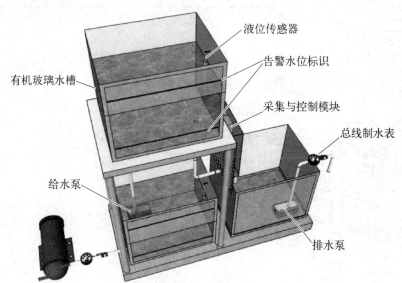

图 2-2　实验装置图

基于 LonWorks 技术的给排水自动控制系统教学实训装置，它主要由液位传感器、给水泵、供水泵、排水泵、智能水表、智能电表、传感与控制模块、水电表抄表网关、给排水监控工控机、生活水池、供水池、排水池、水阀及安装架组成。

生活水池、供水池、排水池安装在安装架托板中；智能电表、传感与控制模块及水电表抄录网关安装于装架模块安装孔板中；液位传感器分别安装在生活水池、供水池和排水池中，液位传感器的输出端与传感、控制模块对应的输入端相连；传感、控制模块的输出端与给水泵、供水泵和排水泵的控制端相连；智能水表分别接在给水泵、供水泵和排水泵的进水端或出水端；智能电表分别接入给水泵、供水泵和排水泵供电回路；智能水表、智能电表输出端与水电表抄录网关对应的输入端相连；传感与控制模块和水电表抄录网关通过 LonWorks 网络与给排水监控工控机双向相连。通过人机界面，可以更加直观地了解给排水控制系统的监控过程，系统原理如图 2-3 所示。给排水系统结构如图 2-4 与图 2-5 所示。

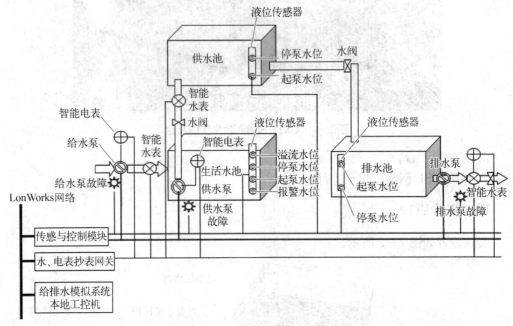

图 2-3 给排水系统原理示意图

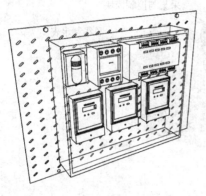

图 2-4 给排水系统结构示意图 1

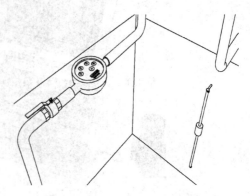

图 2-5 给排水系统结构示意图 2

如图2-1与2-4所示，安装在给水、供水及排水管道中的手动阀，用于手动开启和关闭水管水的流通或控制水的流量的大小。当系统软硬件出现故障时，可通过手动方式进行有效控制，避免给水泵、供水泵一直供水，导致水池水位无法控制的情况发生。

五、基础性实验项目

1）给排水系统及远程抄表系统认知实验。
2）给排水系统常用器件安装和调试操作实训。
3）给排水手动/自动流程切换控制设计综合实验。
4）水表和电表的远程自动抄录和数据统计组态集成控制设计综合实验，设计人员机交互界面，如图2-6所示。

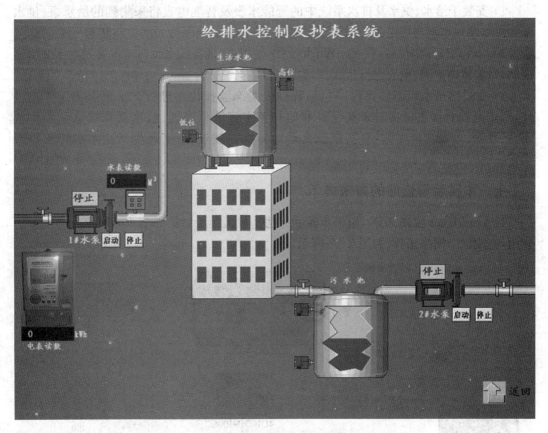

图2-6 给排水及远程抄表控制系统人机交互界面图

实现以下给排水自动控制和远程抄表计量的功能：

(1) 生活水池的4个水位信号（溢流水位、停泵水位、启泵水位、报警水位）经由液位传感器探测后将信号输出至传感、控制模块，传感、控制模块根据水位输入信息控制给水泵的启动与关闭。当生活水池水位处于启泵状态或报警状态时，给水泵开始工作，向生活水池供水，使生活水池的水量维持在一定的范围之内；当生活水池水位处于停泵状态或溢流状态时给水泵停止工作，停止向生活水池供水，防止生活水池因水量过多而溢出。另

外,当生活水池水位处于报警状态时,供水泵停止工作,防止供水泵空吸;

(2) 供水池的水位信号(停泵水位、启泵水位)经由液位传感器将水位信号输出至传感与控制模块,传感与控制模块根据供水池水位信号控制供水泵的启动与关闭状态。当供水池水位处于启泵状态,供水泵开始工作,向供水池供水,使供水池的水量维持在一定的范围之内;当供水池水位处于停泵状态时,供水泵停止工作,停止向供水池供水,防止供水池因水量过多而溢出。

(3) 排水池排水工作原理与供水池工作原理一致。传感与控制模块会根据排水池的 2 个水位信号(停泵水位、启泵水位)控制排水泵的启动与关闭。

六、拓展性实验项目

1) 安装于给水、供水及排水系统中的智能水表及智能电表将采集到的给水泵、供水泵和排水泵用水量与用电量传输到水电表抄录网关,水电表抄表网关将传输上来的信息转换成 Lon 总线网络信息,供 LonWorks 网络使用;实现警戒水位自动报警及对水泵启停控制,对装置内水表、电表进行远程抄录并进行数据统计分析。

2) 通过给排水组态监控程序与远程抄表组态监控程序进行二次组态系统开发设计,利用远程管理主机实时采集记录和监视各水箱液位高低、给水泵和排水泵工作状态、各水表、电表当前度数,真实模拟自动给排水控制过程,实现生活给水和污水排水工作。

七、本实验需查阅的方法提示

1) LonMaker 实现部分:组网步骤和方法请参考第七章第 2 节 LonMaker 组网方法介绍,完成以下网络拓扑,如图 2-7 所示。

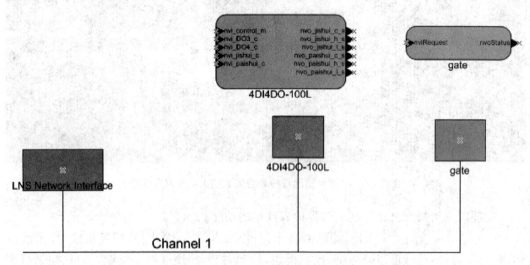

图 2-7 网络拓扑

2) 网络变量说明:使用 LonMaker Browser 方法查看每个模块的网络变量状态值,确认模块工作正常后再进行用户界面开发。

(1) 4DI4DO_jps 模块(图 2-8)。

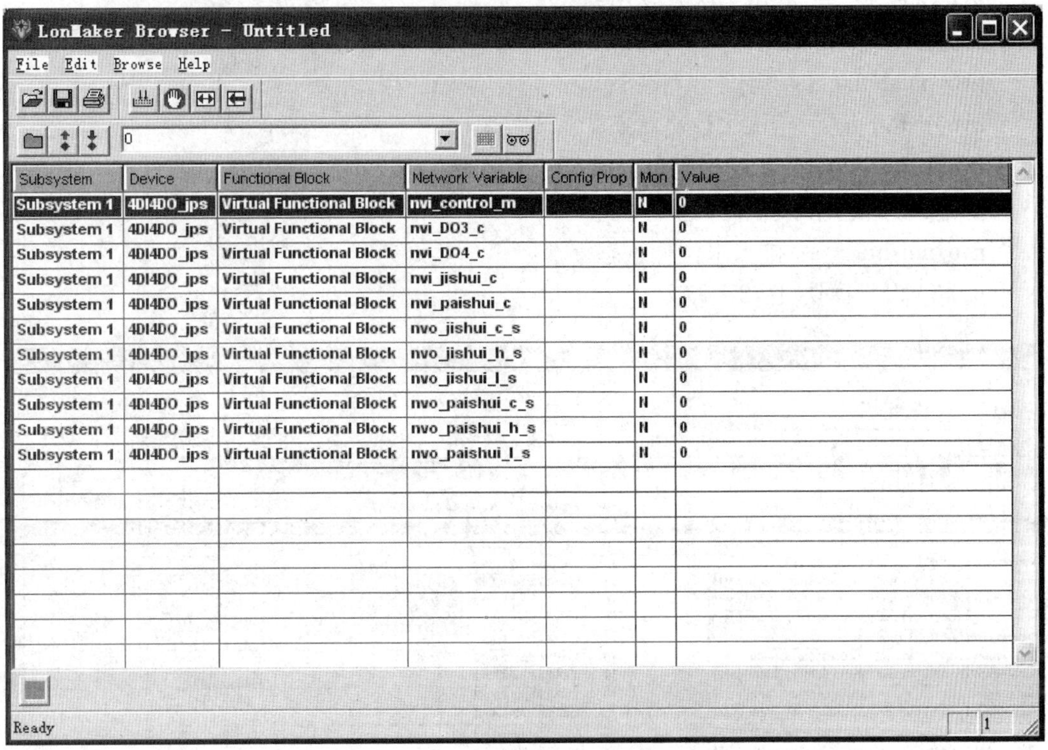

图 2-8 4DI4DO_jps 模块

nvi_control_m：控制方式选择，0 为远程控制，1 为自动控制。

自动控制

当给水高位状态从非高位变为高位时，给水控制无输出；当给水低位状态从非低位变为低位时，给水控制输出 24 V。

当排水高位状态从非高位变为高位时，排水控制输出 24 V；当排水低位状态从非低位变为低位时，排水控制无输出。

远程控制

通过网络给 nvi_jishui_c 和 nvi_paishui_c 两个输入网络变量发送分合指令，可控制给水泵和排水泵的启停。

水位监视

通过网络获取 nvo_jishui_h_s、nvo_jishui_l_s、nvo_paishui_h_s、nvo_paishui_l_s 可监视给水池和排水池的水位情况。

泵启停监视

通过网络获取 nvo_jishui_c_s 和 nvo_paishui_c_s 可监视泵的启停情况。

网络变量定义及说明：

nvi_jishui_c：给水控制；

nvi_paishui_c：排水控制；

nvi_DO3_c：等于 1 时，监视水表读数；
nvi_DO4_c：留空，作二次开发用；
nvo_jishui_c_s：给水控制状态；
nvo_paishui_c_s：排水控制状态；
nvo_jishui_h_s：给水水位高状态；
nvo_jishui_l_s：给水水位低状态；
nvo_paishui_h_s：排水水位高状态；
nvo_paishui_l_s：排水水位低状态。

（2）GATE 模块（图 2-9）。

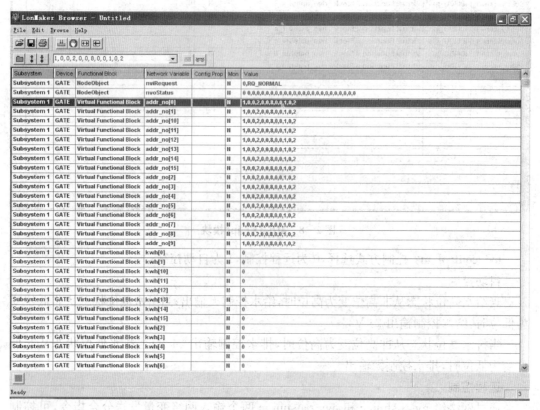

图 2-9　GATE 模块

nviRequest：留空，作二次开发用；

nvoStatus：留空，作二次开发用；

addr_no[0]～addr_no[15]：为表的地址（在相关联的表上可以找到，其输入方式从后往前，例如表地址为 0123456789 共 10 位，那么输入节点的方式就是 987654321000（共 12 位，不足为空位 0））。

kwh[0]～kwh[16]：地址表 addr_no[0]～addr_no[16] 对应的表的读数。

注：在本实验中只用到水表和电表，即 kwh[0] 和 kwh[1]。其中电表的地址可以在表上读出，水表的地址设定为 (1,0,0,0,0,0,0,0,0,0,0,0)。

3) Intouch 实现部分(图 2-10)。

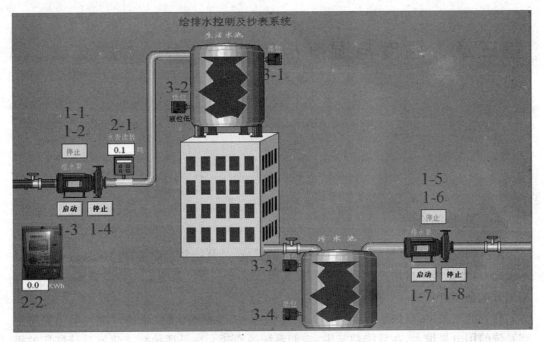

图 2-10　给排水控制及抄表系统

SmartSymbol 的导出及导入参考 InTouch 实用方法介绍方法 14;

1-1 至 1-8 参考 InTouch 实用方法介绍方法 7;

2-1 与 2-2 参考 InTouch 实用方法介绍方法 6;

3-1 至 3-4 参考 InTouch 实用方法介绍方法 10。

八、课后思考题

1) OPCLink 的作用是什么?InTouch 中访问名与主题名的设置需分别与什么相对应?

2) 实验装置中 485 网关的作用是什么?

3) 请通过 LonMaker Browser 查看给排水 4DIDO 模块的控制方式选择网络变量 nvi_control_m 的值,将其依次设置为 0、1,观察控制状态的变化,记录执行结果。

4) LonMeker 的 Management Mode 的两个选项 Onnet 与 Offnet 的区别是什么?

第三章 温度与湿度控制系统

一、实验简介

温度与湿度控制系统(通常称为暖通空调系统)是智能建筑设备自动化系统中的主要系统之一,也是楼宇自动控制系统中的重要组成部分。不仅系统形式种类繁多,且冷热源的配置也是多种多样。

在智能建筑中,空调系统能够向人们提供舒适、温馨的生活、工作环境。但建筑中空调系统的用电量很大,在智能建筑中,空调系统的能耗大小是评价智能建筑设计好坏的重要指标之一。如何才能既保证舒适度又能节约能源,这不仅是空调系统的主要课题,也是智能建筑设备自动化系统(BAS)运行管理的一个重要组成部分。

本实验以建筑电气与智能化实验中心现有实验装置为基础,以 Lon 总线控制网络为实验平台,重点掌握绿色智能建筑温、湿度控制系统的基本控制原理和设计实现的方法。

二、实验目的

1) 了解 LonWorks 技术原理。
2) 掌握基于 LonWorks 技术的温、湿度控制系统的工作原理。
3) 掌握基于 LonWorks 技术温、湿度控制系统的安装与连接,使学生能够独立构建新风空调系统。
4) 会使用 LonMaker 对温、湿度控制系统进行组网。
5) 掌握使用 InTouch 的图形化编程工具进行用户界面的设计实现方法。

三、实验设备

1) 本实验采用南京创协科技有限公司与金陵科技学院联合研制的新风空调教学实验设备,如图 3-1 所示。基于 LonWorks 技术的温、湿度集成控制实验教学装置,集成制冷/制热子系统、循环水子系统和空气处理子系统等系统实物模型,由组合式空气处理机组、空调主机、本地监控主机、iLon 路由器及远程监控主机组成。其中组合式空气处理机组包括空气处理箱和模拟房间,空气处理箱主要安装有新风管、回风管、过滤网、冷热盘管及风机等。系统实时监控终端包含新风、回风温湿度检测器、供水、回水温度采集器、压差

图 3-1 CXT-LW2000-B 教学实验平台

计及二氧化碳变送器等,系统控制执行机构包含新风阀、回风阀、电动水阀、加湿器及室内温控面板等,并附带了 LonMaker、OPCLink、OpcServer、InTouch 新风空调教学试验平台监控软件和节点程序等软件资料。

2) 工控机 1 台;

3) USB 网络接口卡 1 个。

四、实验原理

实验装置如图 3-2 所示。

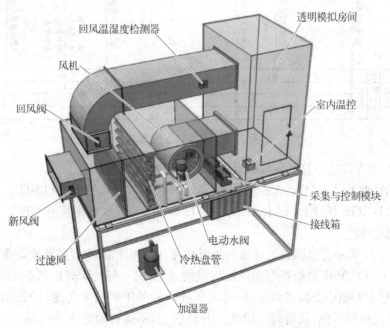

图 3-2 新风空调控制系统装置图

基于 LonWorks 技术的空调与新风集成控制教学实验平台，集成制冷/制热子系统、循环水子系统和空气处理子系统等系统实物模型于一体，主要由组合式空气处理机组、本地监控主机、系统实时监控终端、系统控制执行机构、系统集成功能模块及接线箱组成。其中组合式空气处理机组包括空气处理箱和透明玻璃模拟房间，空气处理箱主要安装有新风管、回风管、过滤网、冷热盘管及风机等部件。系统实时监控终端包含新风、回风温湿度检测器、供水、回水温度采集器、压差计及二氧化碳变送器等，系统控制执行机构包含新风阀、回风阀、电动水阀、加湿器及室内温控面板等，系统功能模块为两个 4AI4AO 控制模块，一个 4DI4DO 以及一个空调网关（gate——温控器）控制模块组成。

系统装置融合了传感技术、自动化控制技术和总线通讯技术，利用组态设计开发、编程，可实现本地或远程监控主机对装置内所有监控终端实时直观监测和对执行机构进行手动或自动综合控制，真实模拟中央空调新风采入、过滤、制冷、制热、送风、回风等空气循环处理过程。

新风机监控如图 3-3 所示。其主要参数见表 3-1。

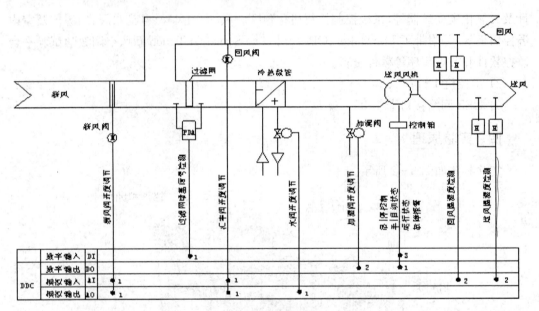

图 3-3 新风机监控图示

1) 用温湿度传感器监测环境的温度和湿度

(1) 4AI4AO-1-AI2、4AI4AO-1-AI1 分别读取回风的湿度和温度。

(2) 4AI4AO-1-AI4、4AI4AO-1-AI3 分别读取出风的湿度和温度。

2) 状态参数监控

DI1 模拟压差开关监测进风过滤网是否堵塞；DI3 模拟防冻开关监测盘管温度是否过低；4AI4AO-1-AO1 模拟控制新风机进风阀，运行时一般处于开启状态，不运行时处于关闭状态，有需要减小新风进风量时，可以通过间断关闭新风闸实现；4AI4AO-1-AO2 模拟控制新风机回风阀，运行时一般处于开启状态，不运行时处于关闭状态，有需要减小回风出风量时，可以通过间断关闭风闸实现。4AI4AO-1-AO3 模拟控制送风机，

表 3-1 新风机监控主要参数

名称	I/O 代号	I/O 特性	模拟装置	模拟装置性能
回风温度	4AI4AO-1-AI1	AI	温湿度传感器	4AI4AO-1 中的 AI1 与 AI2 为检测温湿度,是模拟室内温湿度;4AI4AO-1 中的 AI4、AI3 也为检测温湿度,用于模拟新风机进风温湿度;4AI4AO-1 中的 AI3 受 4AI4AO-2-AI1 即回水温度控制,并模拟空调机新风温度,且新风温度小于回水温度;DI1、DI3 为状态检测; 4AI4AO-1 中的 AO1 与 AO2 分别模拟进、出风阀的开度;AO3 根据回风温度和新风温度的温差来自动调节低、中、高三档;DO1 根据 4AI4AO-1 中的 AI4 的湿度大小运行加湿阀。通过海湾控制面板也可以模拟控制。
回风湿度	4AI4AO-1-AI2	AI	温湿度传感器	
新风温度	4AI4AO-1-AI3	AI	温湿度传感器	
新风湿度	4AI4AO-1-AI4	AI	温湿度传感器	
新风阀开度	4AI4AO-1-AO1	AO	新风阀	
回风阀开度	4AI4AO-1-AO2	AO	回风阀	
风机	4AI4AO-1-AO3	AO	风机	
回水温度	4AI4AO-2-AI1	AI	温控盒	
防冻报警开关	4DI4DO-DI3	DI	开关与灯	
压差报警开关	4DI4DO-DI1	DI	开关与灯	
加湿阀开关	4DI4DO-DO1	DO	加湿器	
485 口的波特率设置值	BaudRate		室内海湾控制面板	
风机调速控制	fan_status		室内海湾控制面板	
室内温度	Indoor_tempT		室内海湾控制面板	
温控面板锁	keyboard_lock		室内海湾控制面板	
控制面板的地址	modbus_addr		室内海湾控制面板	
风机开关	open_close		室内海湾控制面板	
风机工作模式	operating_mode		室内海湾控制面板	
温度设定	setting_tempT		室内海湾控制面板	
数据更新速率	update_Rate		室内海湾控制面板	

运行时根据室内温度和设定温度的大小来调节电动风机的高、中、低三档;4AI4AO-2-AI1 模拟控制冷、热水调节阀,通过温控盒模拟控制新风机送风温度;DO1 模拟新风机送风湿度大小的调节,通过加湿阀控制。

五、基础性实验项目

1) 空调与新风系统结构及工作原理认知实验。
2) 中央空调系统常用控制模块及设备安装与调试实训。

六、拓展性实验项目

1) 装置终端采集及控制:包含对冷热源供给、温湿度、风阀开度及压力等信号采集及对各种风阀、水阀、风机及加湿器的控制等。同时可对各种模块设置不同数值或参数以模拟不同的实训调试工况。通过 LonWorks 网络可以将所有输入输出信息汇总到新风空调模拟系统本地工控机上,利用监控软件(上位机组态软件)实现对回风与新风的温湿度状态、回水温度、室内温度、阀的开关状态、报警开关的状态以及风机,加湿阀的工作状态监控。新风空调系统工控机也可以通过 LonWorks 网络将控制信息发送到传感与控制模块直接控制风机、阀门的启停等操作。设计人机交互界面如图 3-4 所示,实现如下新风空调系统的功能:

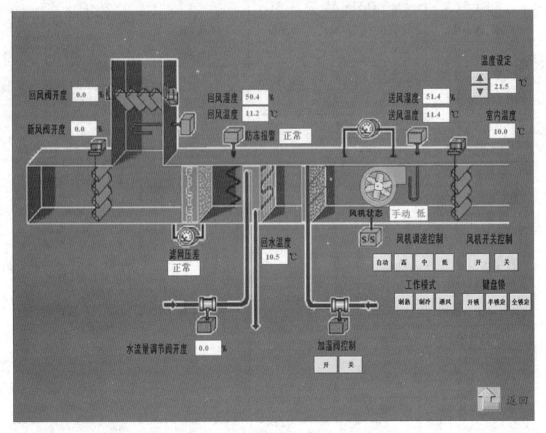

图 3-4 温、湿度控制系统人机交互界面图

(1) 启动顺序:在无异常的条件下,控制模块 4AI4AO-1-AO1 开启新风机进风阀→4AI4AO-1-AO3 启动送风机→4AI4AO-2-AI1 模拟控制冷、热水调节阀通过温控盒模拟新风机送风温度。

(2) 根据新风湿度的大小变化来调节加湿阀。

(3) 停机顺序:关闭盘管水阀→停止送风→关闭新风机进风阀。

(4) 通过室温控制面板对室内温度能够设定,并能控制风机的关闭,监控时能显示温度,显示风机工作模式。

(5) 防冻开关监测换热器出风侧温度,当防冻开关动作时发出报警,表明室外温度过低,应关闭进风机,以免换热器温度继续降低。

(6) 当压差开关动作时表示过滤网堵塞,此时发出报警,可以提示用户要清理过滤网。

(7) 根据实训时的系统负载自动调整主机开启的数量,实现自动调控,且主机为变频控制。

2) 通过 LonMaker 工具,将安装于回风管、新风管中的温湿度传感器,温控盒的回水温度以及防冻报警开关、压差开关所监测到的变量参数提取出来,设计关系数据库将其以二维表的形式存储,或者将其以 XML 数据文件的形式存储,供人机界面交互平台设计人员编程时抽取。

3) 使用 PID 控制对本实验系统进行自适应温度控制系统的设计实现。PID 控制器的参数整定是控制系统设计的核心内容。它是根据被控过程的特性确定 PID 控制器的比例系数、积分时间和微分时间的大小。PID 控制器参数整定通过工程整定,即主要依赖工程经验,直接在控制系统的试验中进行。PID 控制器参数的工程整定方法,主要有临界比例法、反应曲线法和衰减法。三种方法各有特点,其共同点都是通过试验,然后按照工程经验公式对控制器参数进行整定。但无论采用哪一种方法所得到的控制器参数,都需要在实际运行中进行最后调整与完善。现在一般采用的是临界比例法。利用该方法进行 PID 控制器参数的整定步骤如下:

(1) 首先预选择一个足够短的采样周期让系统工作;

(2) 仅加入比例控制环节,直到系统对输入的阶跃响应出现临界振荡,记下这时的比例放大系数和临界振荡周期;

(3) 在一定的控制度下通过公式计算得到 PID 控制器的参数。

在实际调试中,只能先大致设定一个经验值,然后根据调节效果修改。

七、本实验需查阅的方法提示

1) LonMaker 实现部分:组网步骤和方法请参考第七章第 2 节 LonMaker 组网方法介绍,完成以下网络拓扑,如图 3-5 所示。

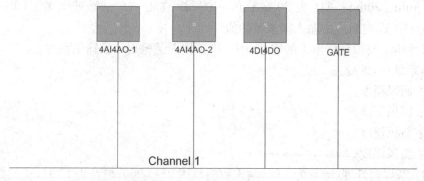

图 3-5 网络拓扑

2) 网络变量说明:使用 LonMaker Browser 方法查看每个模块的网络变量状态值,确认模块工作正常后再进行用户界面开发。

(1) 4AI4AO-1 模块(图 3-6)。

AI_times: 采 AI_times 次后,去掉最大值和最小值后求得的平均值为 AI 值,$3<=$ AI_times$<=30$。

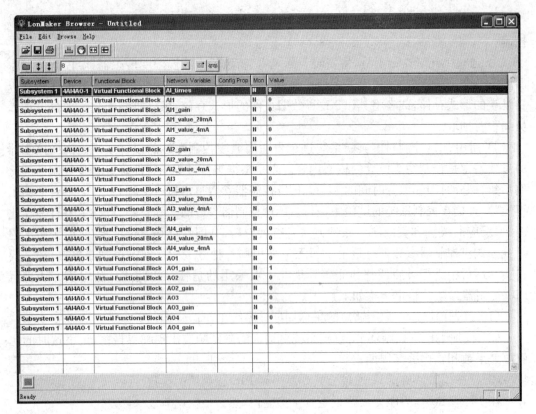

图 3-6　4AI4AO-1 模块

AI1_gain：模拟量输入 1 的增益，用于修正模拟量输入 1 的测量值。

AI1_value_4mA：AI1 为 4 mA(0～20 mA 或 4～20 mA)或 0.96 V 或 1.92 V(0～10 V)时对应的输入模拟量的值。

AI1_value_20mA：AI1 为 20 mA(0～20 mA 或 4～20 mA)或 4.8 V(0～5 V)或 9.6 V(0～10 V)时对应的输入模拟量的值。

AO1_gain：模拟量输出 1 的增益，用于修正模拟量输出 1 的输出幅度。

在本系统中，此处：

AI1：回风温度；

AI2：回风湿度；

AI3：新风温度；

AI4：新风湿度；

AO1：新风阀开度(增益为 1 时，输入数值范围 0～1 000；增益为 10 时，输入数值范围 0～100)；

AO2：回风阀开度(同上)；

AO3：水阀开度(同上)。

(2) 4AI4AO-2 模块(图 3-7)。

本系统中此处只用到 **AI1**：回水温度。

(3) 4DI4DO 模块(图 3-8)。

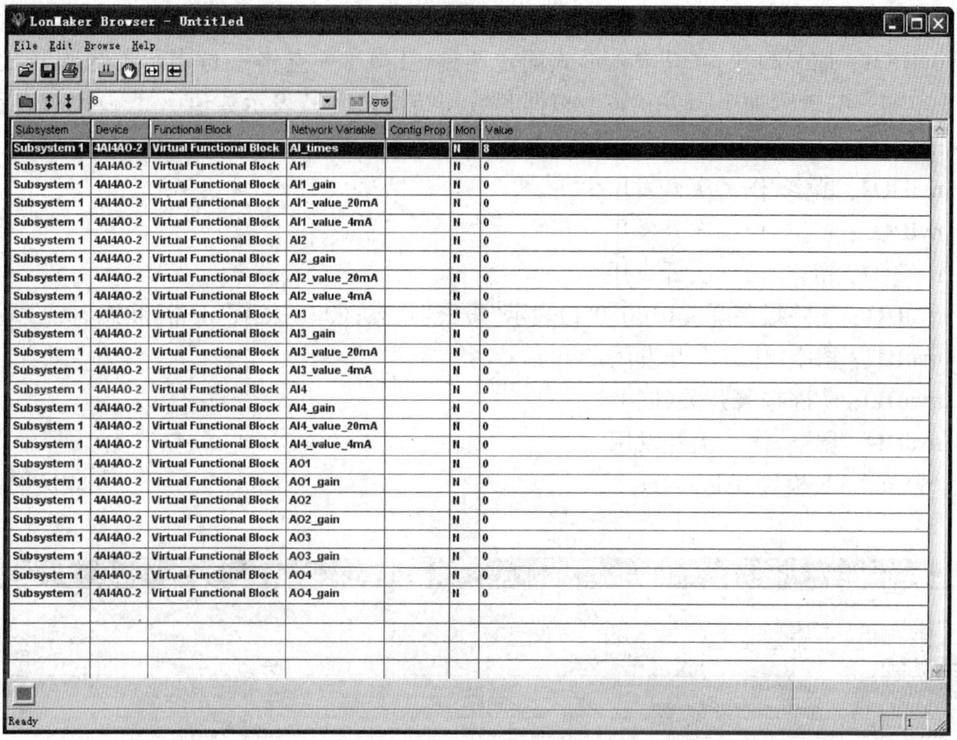

第三章 温度与湿度控制系统 31

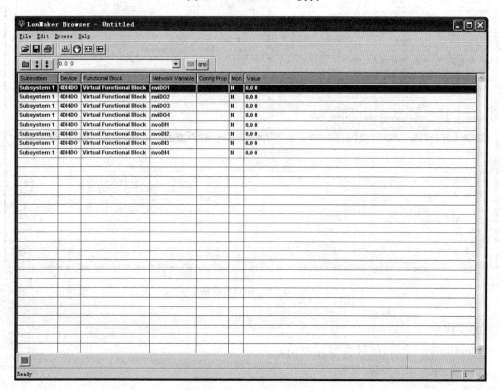

图 3-7 4AI4AO-2 模块

图 3-8 4DI4DO 模块

此模块中：

nviDO1：加湿阀开关(其输入形式固定两种：100.0+空格+1,表示加湿阀开状态；0.0+空格+0,表示加湿阀关状态。根据其数据结构,“100”表示数值(value)；“1”表示状态(state)其他非法输入形式不予动作,并保持原状态)。

nviDO2：留空,作二次开发用。

nviDO3：留空,作二次开发用。

nviDO4：留空,作二次开发用。

nvoDI1：压差报警开关(100.0 1)表示“报警”状态;(0 0)表示“正常”状态。

nvoDI2：留空,作二次开发用。

nvoDI3：防冻报警开关(同上)。

nvoDI4：留空,作二次开发用。

(4) GATE模块(图3-9)。

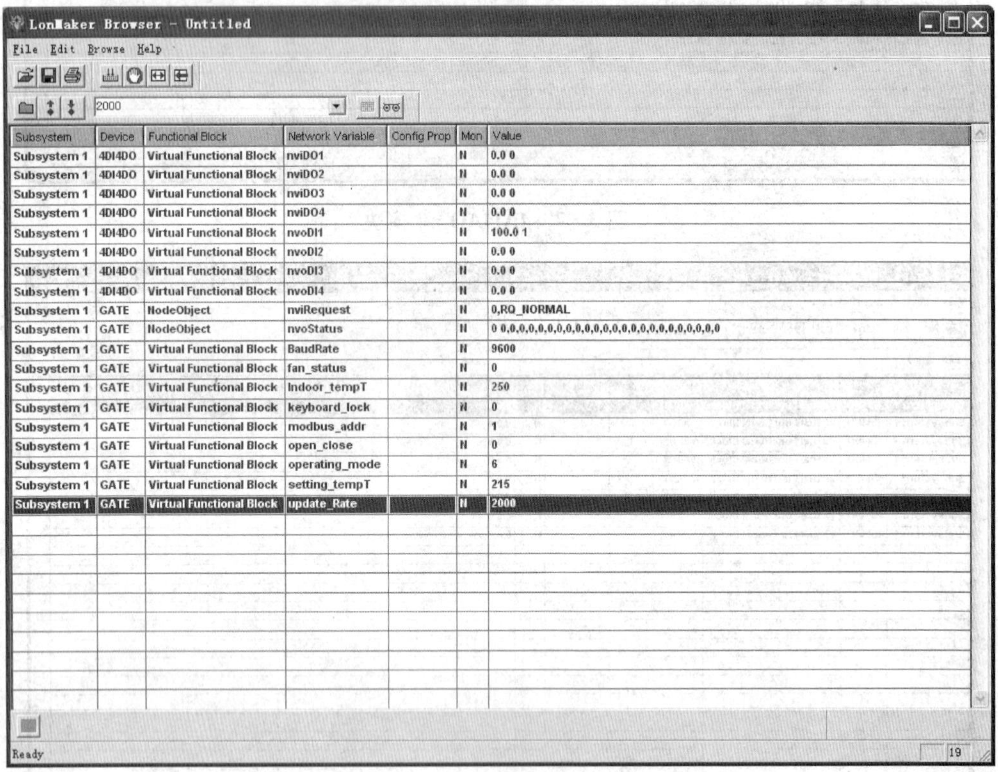

Subsystem	Device	Functional Block	Network Variable	Config Prop	Mon	Value
Subsystem 1	4DI4DO	Virtual Functional Block	nviDO1		N	0.0 0
Subsystem 1	4DI4DO	Virtual Functional Block	nviDO2		N	0.0 0
Subsystem 1	4DI4DO	Virtual Functional Block	nviDO3		N	0.0 0
Subsystem 1	4DI4DO	Virtual Functional Block	nviDO4		N	0.0 0
Subsystem 1	4DI4DO	Virtual Functional Block	nvoDI1		N	100.0 1
Subsystem 1	4DI4DO	Virtual Functional Block	nvoDI2		N	0.0 0
Subsystem 1	4DI4DO	Virtual Functional Block	nvoDI3		N	0.0 0
Subsystem 1	4DI4DO	Virtual Functional Block	nvoDI4		N	0.0 0
Subsystem 1	GATE	NodeObject	nviRequest		N	0,RQ_NORMAL
Subsystem 1	GATE	NodeObject	nvoStatus		N	0 0,0,0,0,0,0,0,0,0,0,0,0,0,0,0,0,0,0,0,0,0,0,0,0
Subsystem 1	GATE	Virtual Functional Block	BaudRate		N	9600
Subsystem 1	GATE	Virtual Functional Block	fan_status		N	0
Subsystem 1	GATE	Virtual Functional Block	Indoor_tempT		N	250
Subsystem 1	GATE	Virtual Functional Block	keyboard_lock		N	0
Subsystem 1	GATE	Virtual Functional Block	modbus_addr		N	1
Subsystem 1	GATE	Virtual Functional Block	open_close		N	0
Subsystem 1	GATE	Virtual Functional Block	operating_mode		N	6
Subsystem 1	GATE	Virtual Functional Block	setting_tempT		N	215
Subsystem 1	GATE	Virtual Functional Block	update_Rate		N	2000

图3-9　GATE模块

此模块中：

BaudRate：485口的波特率设置值；

fan_status：风机调速控制；

Indoor_tempT：室内温度；

keyboard_lock：温控面板锁；
modbus_addr：海湾室内空调监控面板的地址；
open_close：风机开关；
operating_mode：风机工作模式；
setting_tempT：温度设定；
update_Rate：数据更新速率。

表 3－2 数据表述含义

1	室内温度	寄存器中的数据为温度值的 10 倍
2	开关机状态	0：关机　　　1：开机
3	设定温度	寄存器中的数据为温度值的 10 倍
4	工作模式	0：空　　　　1：自动　　　2：辅助加热 3：除湿　　　4：制热　　　5：制冷 6：通风
5	风机状态	0：停止(只读)　　　1：低速 2：中速　　　　　　3：高速 4：自动　　　　　　5：自动低速(只读) 6：自动中速(只读)　7：自动高速(只读)

3) InTouch 实现部分(图 3－10)

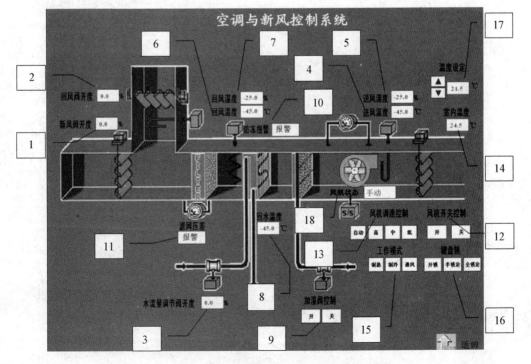

图 3－10　空调与新风控制系统人机交互界面

本章用到的界面编程 InTouch 方法在前面章节均有介绍，请大家自行查阅第七章的相关方法，此处不再赘述。将图 3-10 人机交互界面中涉及到的控件实现方法编入实验报告中。

八、课后思考题

1) 在检测 Lon 卡序号时，如何辨别出正在建立服务？
2) 实验装置中 gate 网关的作用是什么？
3) 通过 LonMaker Browser 查看新风空调系统 4DIDO 模块的网络变量值，是否能通过改变 nviDO1 的网络值来控制加湿阀的开关？
4) 通过 LonMaker Browser 查看新风空调系统 4DIDO 模块的网络变量值，怎样辨别出是处于报警状态，还是正常状态？

第四章 电梯群控系统

一、实验简介

在智能建筑设备自动化系统(BAS)中,电梯作为高层建筑内不可缺少的重要垂直交通运输工具,有着举足轻重的地位。电梯作为现代化的机电合一的大型设备,广泛地应用于城市的高层建筑中。随着电梯的广泛应用,人们已经认识到电梯控制,尤其是电梯的电气控制的重要性。电子技术、自动控制技术的飞速发展,大大促进了电梯控制技术的全面发展,使得电梯无论在结构上还是在特性、功能上都要满足人们对电梯提出的越来越高的要求,使电梯在运行过程中具有安全、可靠、快速、准确、平稳的特性。

二、实验目的

1) 了解 LonWorks 技术原理。
2) 掌握基于 LonWorks 技术的电梯群控系统工作原理。
3) 掌握基于 LonWorks 技术的电梯群控系统的安装与器件连接构成。掌握电梯集选控制原则、掌握两台电梯并联控制原则、掌握三台电梯并联控制原则。
4) 会使用 LonMaker 对电梯群控系统进行组网。
5) 掌握使用 InTouch 的图形化编程工具进行用户界面的设计实现方法。

三、实验设备

1) 本实验采用南京创协科技有限公司与金陵科技学院联合研制的电梯群控教学实验设备,如图 4-1 所示。CXT-LW2000-G 智能电梯群控系统综合实训平台是一种基于 LonWorks 技术的电梯群控教学实验装置,集成 PLC 控制、变频调速、传感应用、位置控制、复杂开关量控制、时序逻辑控制、LON 总线控制等实物模型,其装置主要由多台双控四层透明教学实训电梯、电源控制装置、LON 控制模块及监控主机等组成。系统实验教学平台融合了传感技术、自动化控制技术和总线通信技术,利用组态设计开发、编程,可实现本地或远程监控主机对不同教学实训电梯进行直观监测或手动、自动控制,真实模拟多组电梯群控处理过程。整套平台设计附带了 LonMaker、OPCLink、OpcServer、InTouch 电梯群控教学试验平台监控软件和节点程序等软件资料。其系统拓扑结构图如图 4-2 所示。

图 4-1 CXT-LW2000-G 教学实验平台

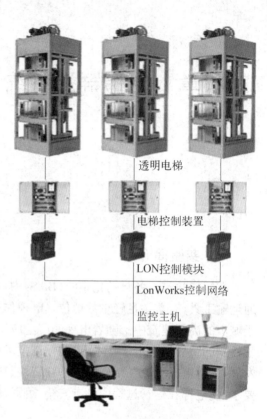

图 4-2 系统拓扑结构图

2) 工控机 1 台;
3) USB 网络接口卡 1 个。

四、实验原理

本套实验设备采用交流变频调速器与 PLC 编程的开关量与数字量双制式控制,并且在电梯上设置了电路部分、机械部分等常见的 50 多项故障供学生动手实操;控制元件全电脑化,可编程,电动机驱动采用进口变频调速器,功能与真实的变频调速电梯相同,具有全集选功能,能自动平层,自动关门,响应轿内、外呼梯信号;整套装置协议端口及通信接口接入工业自动化 LON 总线控制网络中,可远程监测与控制,形成楼宇智能化控制系统的一部分。

通过组态软件界面制作,系统编程,可实现计算机远程控制电梯升降、规定楼层的启停、开关门,以及多部电梯的群控。

五、基础性实验项目

1) 电梯系统认知实验。
2) 电梯常见电梯故障的诊断实验(含:感应器故障,触点、开关、按钮故障、PLC 输出继电器故障、变频调速系统、传感器调整、传感器检测、电机传动等)。
3) 电梯系统定位控制实验。

六、拓展性实验项目

电梯远程监控组态控制设计,如图 4-3 所示,设计电梯控制系统,对电梯试行并联控制、群控以及人工智能控制,保证电梯的高效运行。并联控制就是几台电梯共用召唤信号,并按预先设定的调配原则,自动地调配某台电梯去应答召唤信号。无论是两台或三台电梯的并联控制,其最终目的是把对应于某一层楼召唤信号,电梯应运行的方向信号分配给最有利的一台电梯,也就是说自动调配的目的是把电梯的运行方向合理地分配给梯群中的某一台电梯。

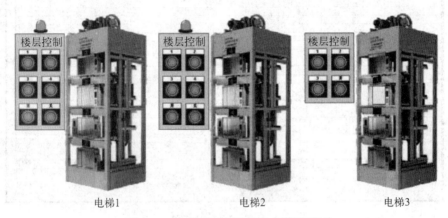

图 4-3 电梯群控系统人机交互界面图

七、本实验需查阅的方法提示

1) LonMaker 实现部分:组网步骤和方法请参考第七章第 2 节 LonMaker 组网方法介绍,完成以下网络拓扑,如图 4-4 所示。

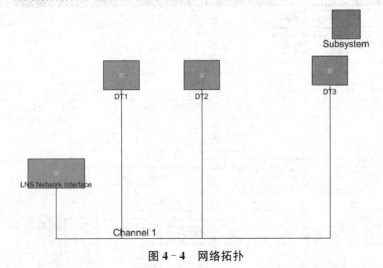

图 4-4 网络拓扑

2) 网络变量说明:使用 LonMaker Browser 方法查看每个模块的网络变量状态值,确认模块工作正常后再进行用户界面开发。

(1) DT1-1模块(图4-5)。

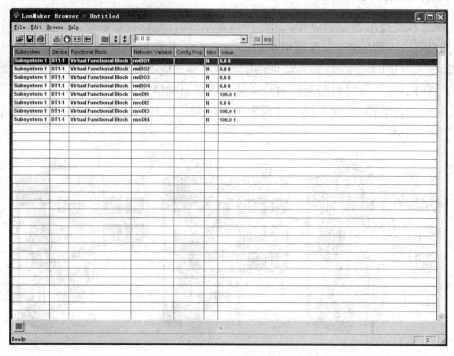

图 4-5　DT1-1模块

(2) DT1-2模块(图4-6)。

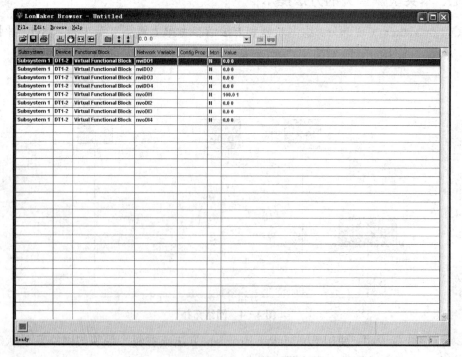

图 4-6　DT1-2模块

(3) DT2-1模块(图4-7)。

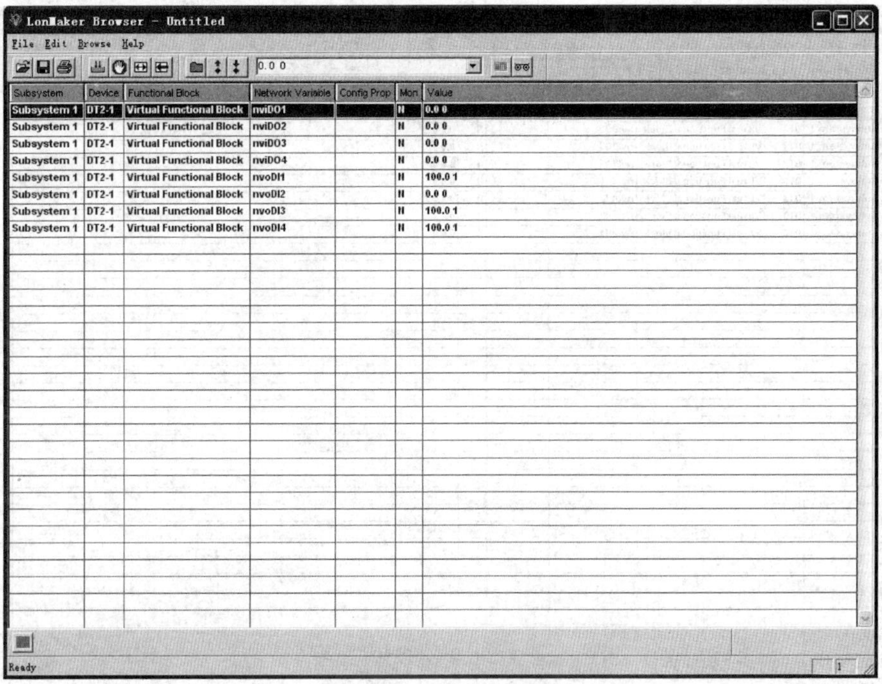

图4-7　DT2-1模块

(4) DT2-2模块(图4-8)。

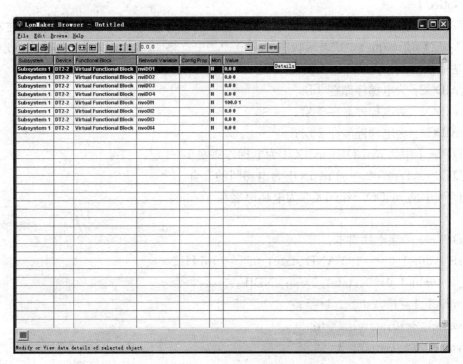

图4-8　DT2-2模块

(5) DT3 模块(图 4-9)。

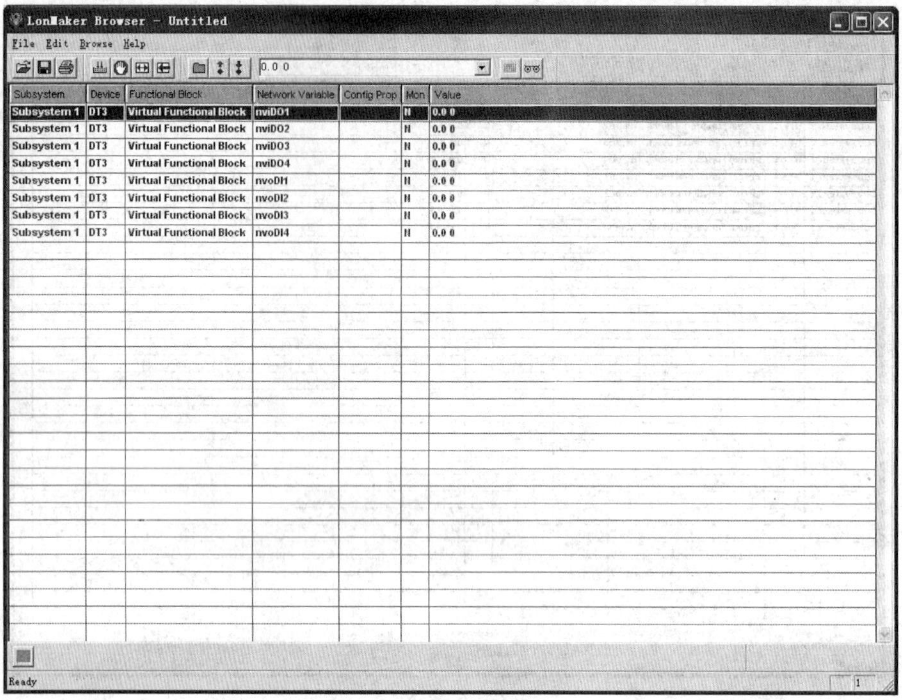

图 4-9 DT3 模块

Notice 1

DT1-1 中的 nviDO1：为电梯停靠在 1 层(100.0＋空格＋1,表示电梯停靠在本层,"100"表示数值(value),"1"表示状态(state),0.0＋空格＋0,表示电梯未停靠在本层。其他非法输入形式不得动作,并保持原状态；

nviDO2：为电梯停靠在 3 层；

nviDO3：为电梯停靠在 4 层；

nviDO4：为电梯停靠在 2 层；

DT2-1 中的 nviDO1～nviDO4 为电梯停靠在 1～4 层。

DT1-2、DT2-2 中的 nviDO1 为电梯门的开合。

DT3 中的 nviDO1～nviDO3 为电梯停靠在 1～3 层。

DT1-1 一层电梯脚本：
IF（value1_0＝＝100 AND state1_0＝＝1）THEN
　　value1_0＝0;state1_0＝0;ENDIF;
value1_1＝100;state1_1＝1;
value1_2＝0;state1_2＝0;
value1_3＝0;state1_3＝0;
value1_4＝0;state1_4＝0;

其余楼层电梯参考以上脚本编程。

3) InTouch 实现部分：本章用到的界面编程 InTouch 方法在前面章节均有介绍，请大家自行查阅第七章的相关方法，此处不再赘述。

八、课后思考题

1. 消防功能：在用电梯的控制系统一旦收到消防信号：

1) 处于上行时立即就近停靠，但不开门立即返回基站停靠开门。

2) 处于下行时，直驶基站停靠开门。

3) 处于基站意外停靠开门的电梯立即关门返回基站停靠开门。

4) 处于基站关门待命的电梯立即开门。

返回基站或在基站开门后，电梯处于消防工作状态，在消防工作状态下，外召指令失效，电梯的关门起动运行和准备前往层站由消防员控制操作。

2. 请思考电梯群控系统与消防控制完成联动功能如何实现？

第五章　智能照明控制系统

一、实验简介

智能照明控制系统是一种基于 LonWorks 技术的建筑灯光集中控制教学实验装置，通过脚本编程可实现对建筑灯光的定点显示、循环显示、间隔显示、区域显示等多种显示控制模式。

二、实验目的

1) 了解 LonWorks 技术原理。
2) 掌握基于 LonWorks 技术的灯光集中控制工作原理。
3) 掌握使用 InTouch 的图形化编程工具进行多种显示控制模式的用户界面的设计实现方法。

三、实验设备

CD-LW2000-C/L01 建筑灯光集中群控综合实训平台，如图 5-1 所示，是一种基于 LonWorks 技术的建筑灯光集中控制教学实验装置，它主要由标准机架式网孔板、节能灯具、LON 输出控制模块及监控主机等组成。

四、实验原理

建筑灯光集中群控综合实训平台装置，如图 5-2 所示，该平台融合了自动化控制技术和总线通信技术，利用组态设计开发、编程，可实现本地或远程监控主机对装置内所有灯具的状态进行直观监测和手动或自动集中控制，真实模拟建筑灯光在不同环境下的智能化综合控制处理过程。通过对该模拟系统的深入学习，能够了解与掌握多方面的知识，如 LonWorks 总线技术与应用、组态软件、集中控制理论与应用等方面。系统多样化控制方式的同时，可实现各灯位点控、组控与群控，体现了建筑灯光集中控制的灵活性，工程应用性强的特点。如可通过组态软件界面制作，系统编程，可实现对灯光的定点显示、循环显示、间隔显示、区域显示等多种显示控制实践；本实验平台装置即可独立系统，独立调试操作，也可并入 LON 控制网络，模拟不同建筑灯光群控，或模拟城市灯光集中群控。

图 5-1　CD-LW2000 教学实验平台

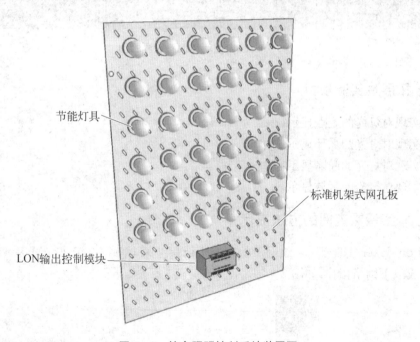

图 5-2　综合照明控制系统装置图

五、基础性实验项目

1) 综合照明系统认知实验。
2) 设计实现建筑灯光系统组态集中控制系统,如图 5-3 所示。

图 5-3 综合照明控制系统界面图

六、拓展性实验项目

1) 实现对灯光的定点显示。
2) 实现对灯光的循环显示。
3) 实现对灯光的间隔显示。
4) 实现对灯光的区域显示。

七、本实验需查阅的方法提示

1) LonMaker 实现部分：组网步骤和方法请参考第七章第 2 节 LonMaker 组网方法介绍，完成以下网络拓扑，如图 5-4 所示。

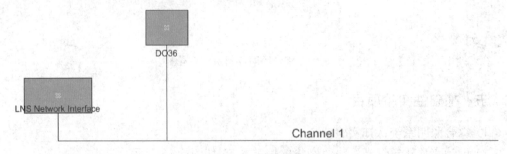

图 5-4 网络拓扑

2) 网络变量说明：使用 LonMaker Browser 方法查看每个模块的网络变量状态值，确认模块工作正常后再进行用户界面开发。

DO36 模块(图 5-5)：

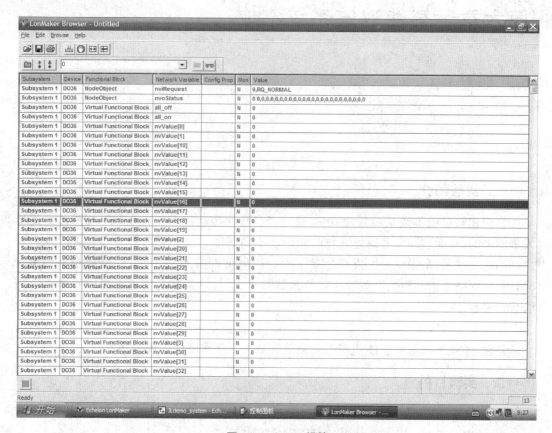

图 5-5　DO36 模块

此模块中：

all_off：总开关关状态；

all_on：总开关开状态；

nvValue[0]～nvValue[36]：指示灯 1～36 的开关状态("0"表示关；"1"表示开)。

3) Intouch 实现部分：本章用到的界面编程 InTouch 方法在前面章节均有介绍，请大家自行查阅第七章的相关方法，此处不再赘述。

八、课后思考题

如何将本实验平台装置并入 LON 控制网络，模拟不同建筑灯光群控，或模拟城市灯光集中群控？

第六章 智能建筑系统集成

一、实验简介

智能建筑系统集成是随着计算机、通信和自动化控制技术的进步和互相渗透而逐步发展起来的,它通过综合考虑建筑物的四个基本要素即结构、系统、服务和管理以及它们之间的内在联系,来提供一个投资合理、高效、舒适、便利的环境空间。智能建筑系统集成是计算机网络集成和数据库集成在建筑领域的应用,其结果是为管理者提供一体化的综合管理平台。

本实验以建筑电气与智能化实验中心现有实验装置为基础,以 LON 总线控制网络为实验平台,重点掌握绿色智能建筑系统集成的基本原理和设计实现的基本方法。

二、实验目的

1) 了解 LonWorks 技术原理。
2) 掌握基于 LonWorks 技术的系统集成工作原理。
3) 掌握系统组态及设定方法,实现对同一实验室不同实验台(或不同实验室)设备的状态监视、时间表设定、报警提示、维护提示和跨子系统联动等。

三、实验设备

1) 本实验采用南京创协科技有限公司与金陵科技学院联合研制系列教学实验平台;
2) 工控机 1 台;
3) U10 USB 网络接口卡 1 件以及网线若干。

四、实验原理

系统集成是连接设计和施工的纽带,必须运用先进的系统集成技术,对工程设计的其他各个部分进行优化、整合,不是各个子系统的简单叠加,而是使得各子系统能资源共享、协同工作,从而获得整体的、长期的最优化的效果。

本实验将前五章的实验设备分成若干个子系统,前述章节我们已经向大家描述了如何将单一功能的智能建筑子系统设备进行集成。在本章中,我们尝试通过最简单的局域网连接方法,将同一子系统的不同实验台联网,也将不同子系统的实验台之间进行联网。从而达到资源共享,协同工作的目的。

五、基础性实验项目

设计人机交互界面实现如下功能:将现场总线实验室的照明控制实验台和给排水实验台进行联网(通过网线直接将其 LON 口进行串联)。联网后通过 LonMaker 组网,实现当给排水实验台的生活水箱超过警戒高水位或低于警戒低水位时,点亮照明实验台的左边灯泡告警,给水泵停止工作,停止向生活水池供水,防止生活水池因水量过多而溢出这一功能。

六、拓展性实验项目

利用现场总线实验室和建筑设备自动化实验室的实验台,设计实现如下方案:规定楼宇自控系统的自动启动时间是周一至周五早上 8:30,自动关闭时间为周一至周五下午 5:00。开启项目包括:

1) 时间到,开照明实验台的左灯;
2) 时间到,但照度条件不足时,加开右灯;
3) 电梯自动停靠到一楼;
4) 空调自动开启室内温度显示。

七、本实验需查阅的方法提示

1) LonMaker 实现部分:组网步骤和方法请参考第七章第 2 节 LonMaker 组网方法介绍,完成网络拓扑。

2) 网络变量说明:使用 LonMaker Browser 方法查看每个模块的网络变量状态值,确认模块工作正常后再进行用户界面开发。请大家根据系统设计需求自行查阅模块网络变量说明(参见前述章节),并可自行对留空的模块端口进行二次开发利用。

3) InTouch 实现部分:本章用到的界面编程 InTouch 方法在前面章节均有介绍,请大家自行查阅第七章的相关方法,此处不再赘述。

八、课后思考题

使用双绞线连接不同的实验台 LON 口时,能否选择不同颜色的线对?

第七章 工程化软件实现方法

在 LON 总线控制网络中,我们需要一套整合的信息系统,由底层的各项装置采集信息,中层的控制系统,再由最上层的用户界面编程软件将这些信息整合起来以供项目决策或效能提升。在完成本教材的实验时,我们会使用到现场总线网络系统集成工具 LonMaker3.1,用于实现底层的硬件数据采集和网络拓扑,使用 OPCServer 进行中层的控制,这两项技术在本实验课程中涉及的软件实现方法在本章的前 2 节进行介绍,本章第 3 节对用户界面编程工具 InTouch 的常用方法做了解释。这些方法都适用于本书的所有实验,请读者在完成每个实验时根据需要自行选用,也为大家完成拓展性实验打下基础。

一、实验软件环境准备工作介绍

本实验需要搭建的软件环境包括:LonMaker3.1、OpcServer、InTouch,下面将这三种软件的安装顺序和安装过程中的注意事项给大家做一介绍,如图 7-1、图 7-2、图 7-3 所示:

第 1 步　打开 LonMaker3.1 点击 ✓ LMWSetup InsLmw MFC Appli..;

第 2 步　出现图 7-1 界面,点击 Install,则打对勾的软件将依次安装。(其中 visio 的序列号自己输入);

第 3 步　安装 LonMaker3.1 的两个补丁 lns3sp8 与 LonMaker 3.1 Service Pack 2;

第 4 步　安装 lns3sp8 点击 LNS3SP8 Echelon Corporation;

第 5 步　安装 LonMaker 3.1 Service Pack 2 点击 lmw312 将两个补丁依次装好;

第 6 步　Opcserver,安装 OPC Server M,点击 Easylon OPC Server L-W Setup.exe 出现图 7-2 界面,先装 M,如图 7-3,然后会依次安装完成;

第 7 步　OPCLink80 安装文件;

第 8 步　InTouch9.0 安装文件;

第七章　工程化软件实现方法　　49

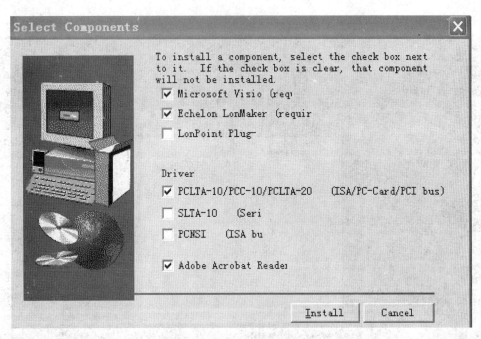

图 7-1　实验软件安装界面

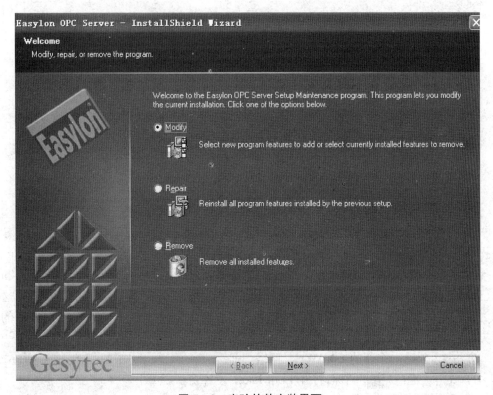

图 7-2　实验软件安装界面

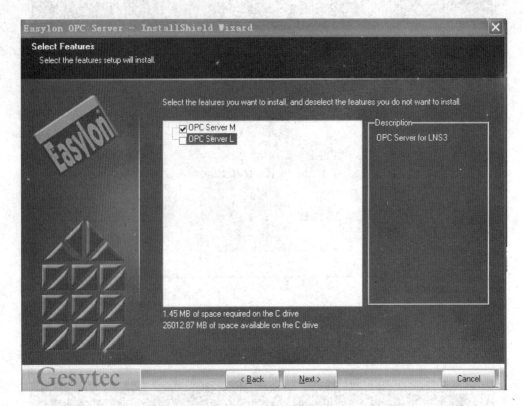

图 7-3　实验软件安装界面

第 9 步　安装结束后,将 WWSUITE.LIC 粘贴到提示路径即可破解;
第 10 步　安装 OPC Server L(同 OPC Server M);
第 11 步　安装 lon 卡驱动 USB ;
第 12 步　重新启动电脑。

二、LonMaker 组网方法介绍

LonMaker 集成工具(版本 3.1)是一个软件包,它可以用于设计、安装、操作和维护多厂商的、开放的、可互操作的 LonWorks 网络。它以 Echelon 公司的 LNS 网络操作系统为基础,把强大的 C/S 体系结构和非常容易使用的 Microsoft Visio 用户接口结合起来。本节介绍的 10 个方法包括新建一个 LonWorks 网络、备份和导入已有的 LonWorks 网络、在 LonMaker 中使用设备和查看设备功能的方法等,这些均为使用 LonMaker 集成工具组网的基本方法,也是完成前面 6 章所有实验必备的通用方法。

方法 1．创建一个新的 LonWorks 网络

1) 双击桌面的"　"图标,打开 LonMaker 设计窗口,如图 7-4。
2) 选择"New Network",出现图 7-5。
3) 选择"Enable Macros"按钮,出现图 7-6。

第七章 工程化软件实现方法　51

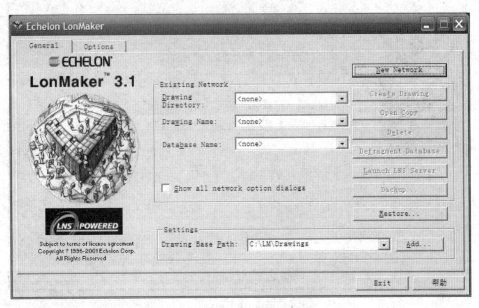

图 7-4　LonMaker 设计窗口

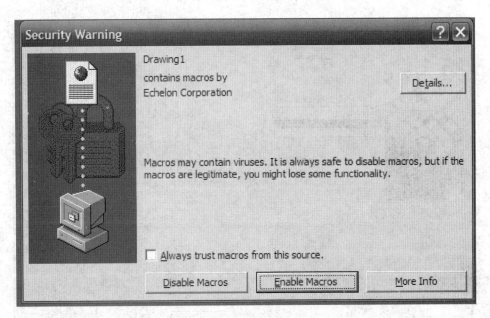

图 7-5　界面

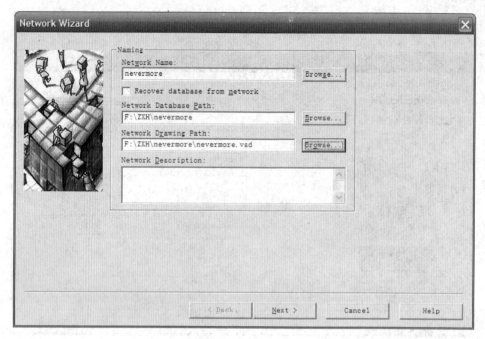

图 7-6 界面

Notice 1:

通过向导程序,对新建的网络命名(注意此处不能以数字打头命名),并指定网络数据文件的存放位置和网络 VISIO 图文件的存放位置,可以通过点击 Browse 按钮更改存放路径。

4) 给网络命名为"IB"(可根据项目取不同的网络名),单击"Next",出现图 7-7:

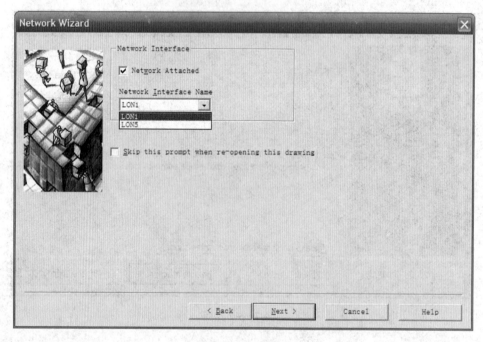

图 7-7 界面

Notice 2：

Network Interface Name 中 LON 卡序号的选择方法：进入控制面板的 LonWorks Interfaces 应用程序（如下图 7-8）查看 USB 选项卡下的网络接口卡状态的端口号（如下图 7-9），本次显示 LON 卡序号为 5，所以在 Network Interface Name 的下拉选项中选择 LON5 即可。

图 7-8 界面

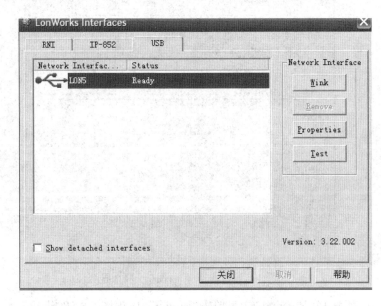

图 7-9 界面

5) 选择"Network Attached"，并从"Network Interface Name"下拉菜单选择"LONx"（注意此处 x 的选择应根据 NOTE2 中提示的方法进行），单击"Next"，出现图 7-10 界面：

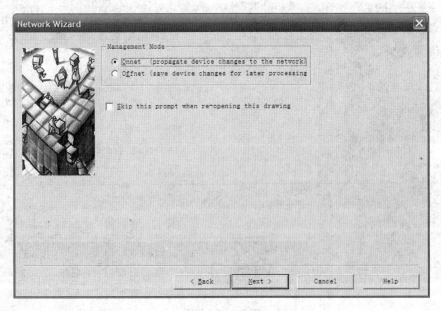

图 7-10 界面

Notice 3：

Onnet(在网模式)，另有 Offnet(离网模式)可选。

6) 选择"Onnet"管理模式，出现图 7-11 界面：

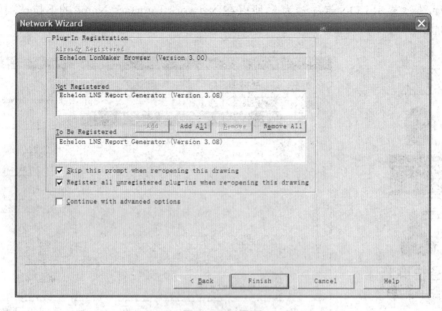

图 7-11 界面

7) 选择"Remove All"，单击"Finish"，出现图 7-12 界面：

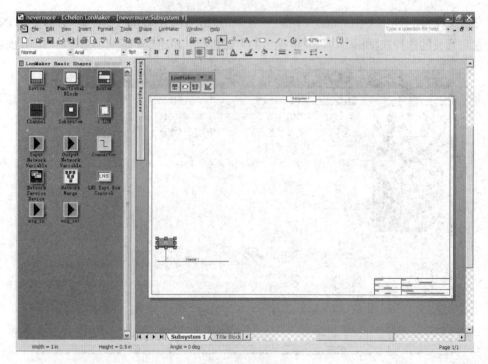

图 7-12 界面

Notice 4:

进入 LonMaker 设计界面,如图 7-12 所示,实际上它是内置的 VISIO 绘图工具,利用它来绘制你的 LonWorks 网络。

方法 2. 如何备份一个已创建的 LonWorks 网络?

1) 点击"Backup..." 如图 7-13 所示。

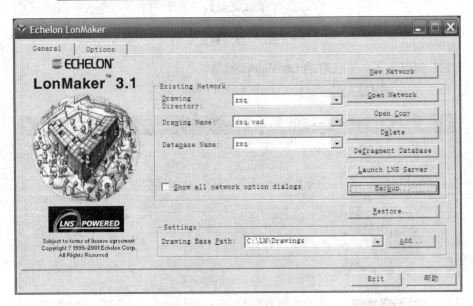

图 7-13 LonMaker 设计窗口

2) 点击"Browse..."选择备份文件储存路径并按"OK"确定,如图 7-14 所示。

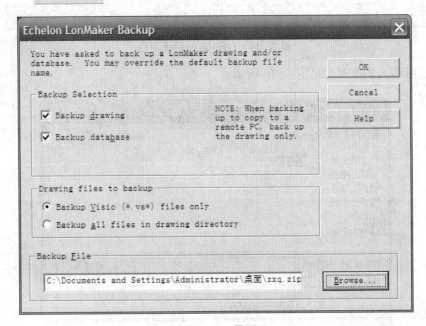

图 7-14 界面

3) 出现如图 7-15 所示,备份成功。

图 7-15　界面

方法 3. 如何导入一个已有的 LonWorks 网络?

1) 点击" Restore... " 如图 7-16 所示。

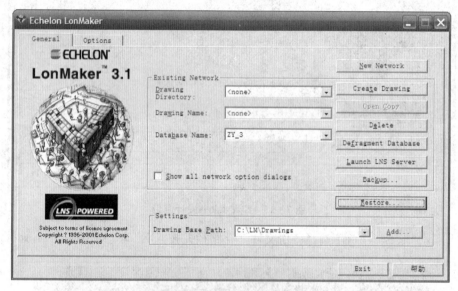

图 7-16　LonMaker 设计窗口

2) 选择打开的文件,如图 7-17 所示。

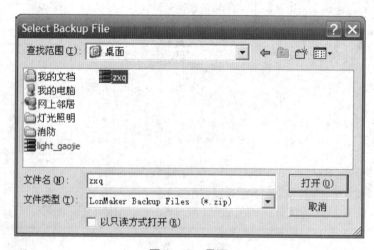

图 7-17　界面

3）点击"[OK]"如图7-18所示，并选择"是"如图7-19所示。

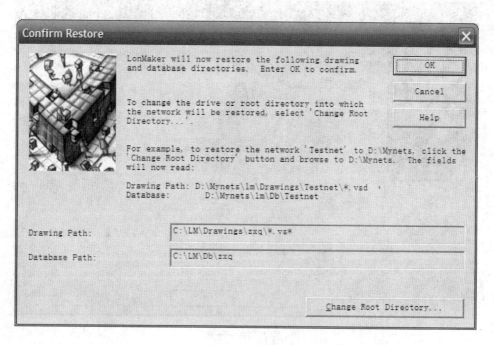

图7-18 界面

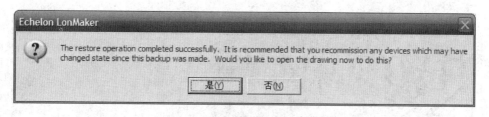

图7-19 界面

4）选择接口，打开文件如图7-20所示，一直点击下一步至出现图7-21选择
"  "点击"[Finish]"

Notice 1：
查看接口号方法参见方法1的 Notice 2。

Notice 2：
Onnet(在网模式)，另有 Offnet(离网模式)可选。

5）选择"是"如图7-22所示，并且选择下一步，如图7-23所示，最后选择"OK"如图7-24所示。

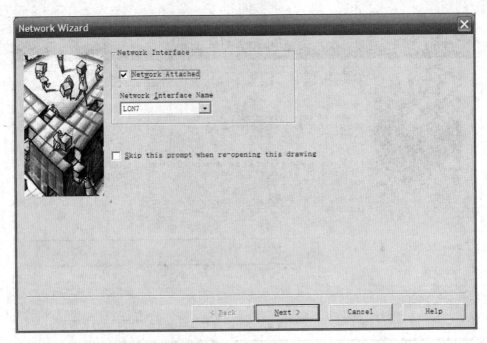

图 7-20 界面

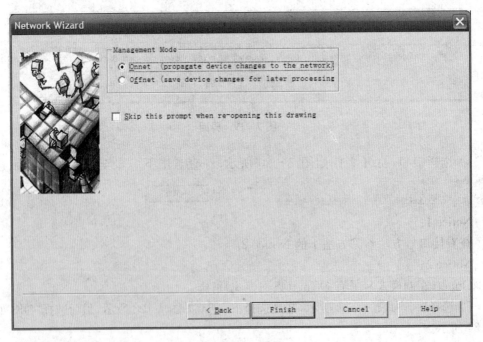

图 7-21 界面

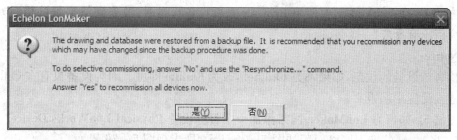

图 7－22 界面

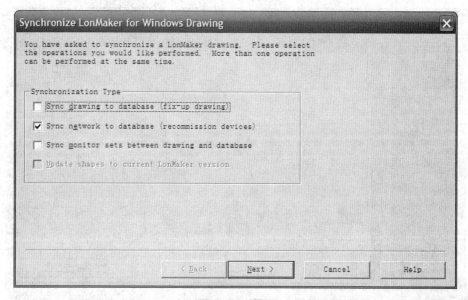

图 7－23 界面

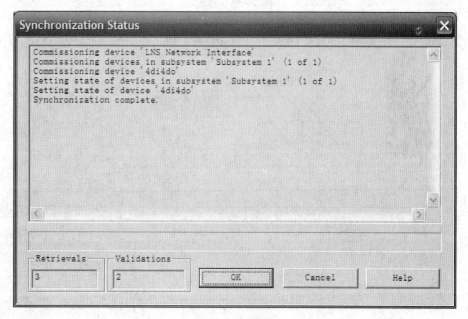

图 7－24 界面

方法 4. 在 LonMaker 中使用 Browser 查看设备状态时,改变网络变量的值时对应的设备为何没有反应?

Notice:

检查该设备的状态,如果不是 Online.,改为 Online 即可。因为设备只有在 Online 的状态才接受应用层报文。

方法 5. 如何为 LonMaker 网络添加一个目标设备 Physical LonWorks Device?

1) 将" [Device] "拖入网络面版如图 7-25 所示,即出现图 7-26 界面。

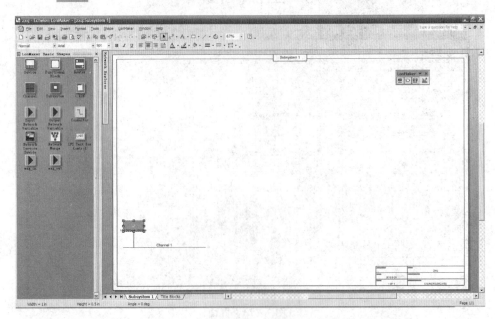

图 7-25 界面

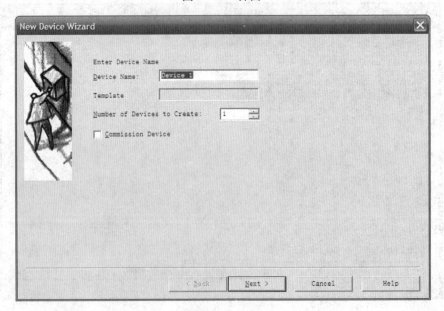

图 7-26 界面

2) 输入设备的名称，并勾选连接设备。如图 7-27 所示。

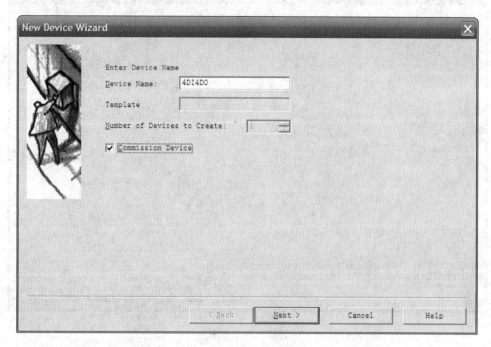

图 7-27 界面

3) 点击下一步，并按 Browse 选择导入的 xif 文件，如图 7-28 所示，然后一直按下一步，直至出现图 7-29 界面，选择 Online 模式。

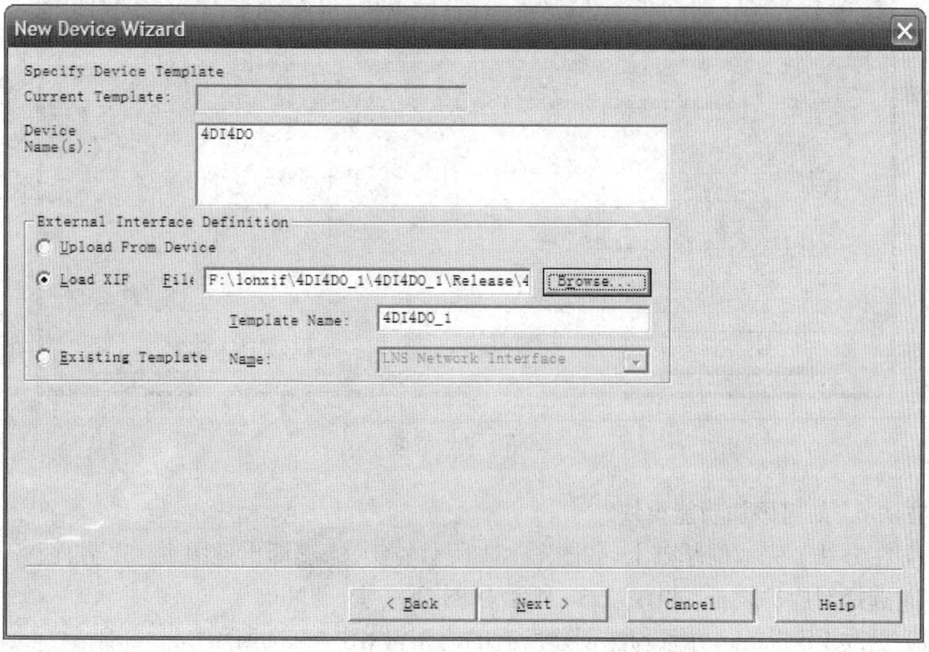

图 7-28 界面

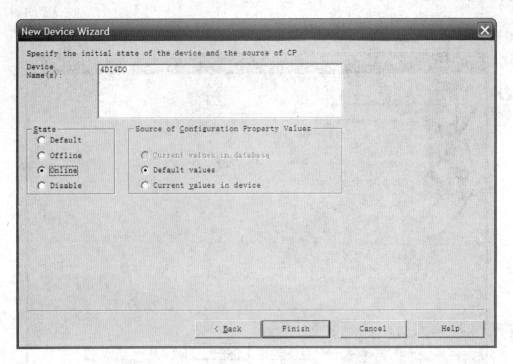

图 7-29 界面

4) 出现图 7-30 界面时,点击相应设备的服务按钮,即添加设备成功。如图 7-31 所示。

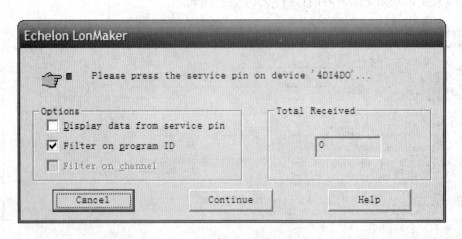

图 7-30 界面

方法 6. 如何添加功能模块?

1) 在方法 5 完成的基础上,如图 7-31 所示,拖入 即出现图 7-32 界面。
2) 选择对应的设备,如图 7-33 所示,点击下一步。"Next"
3) 更改 FB Name,并且勾选创建所有的模型,如图 7-34 所示。
4) 点击 ,完成功能模块的创建,如图 7-35 所示。

第七章 工程化软件实现方法 63

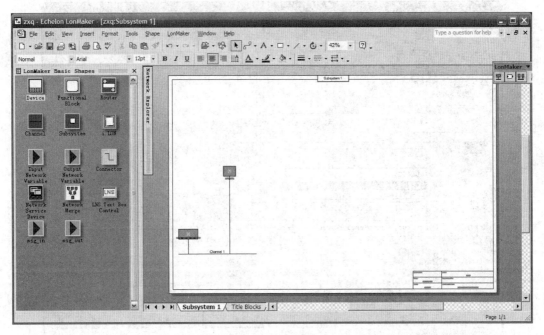

图 7-31 界面

图 7-32 界面

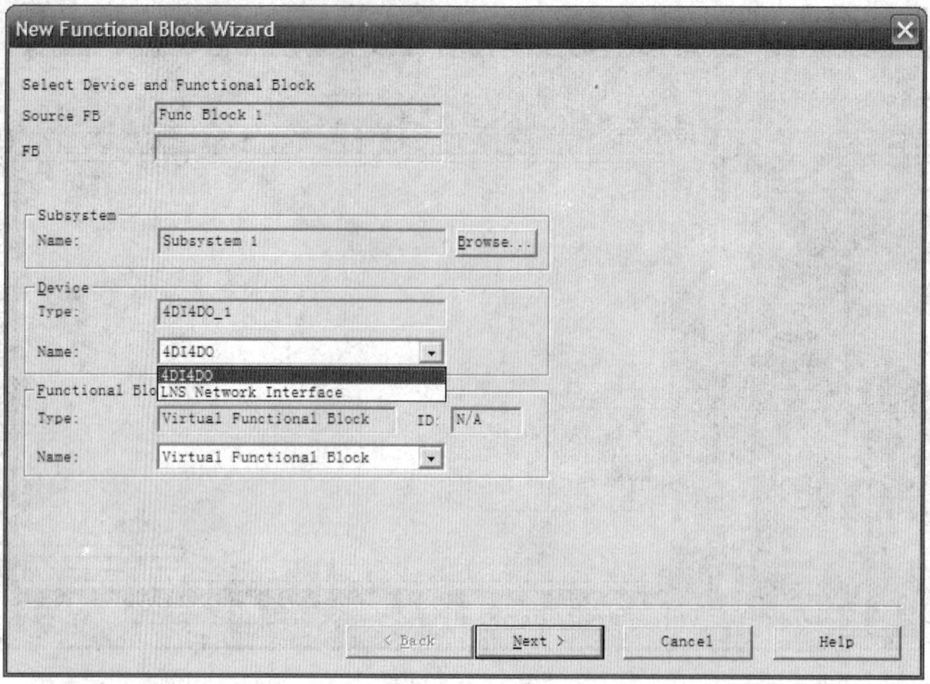

图 7-33 界面

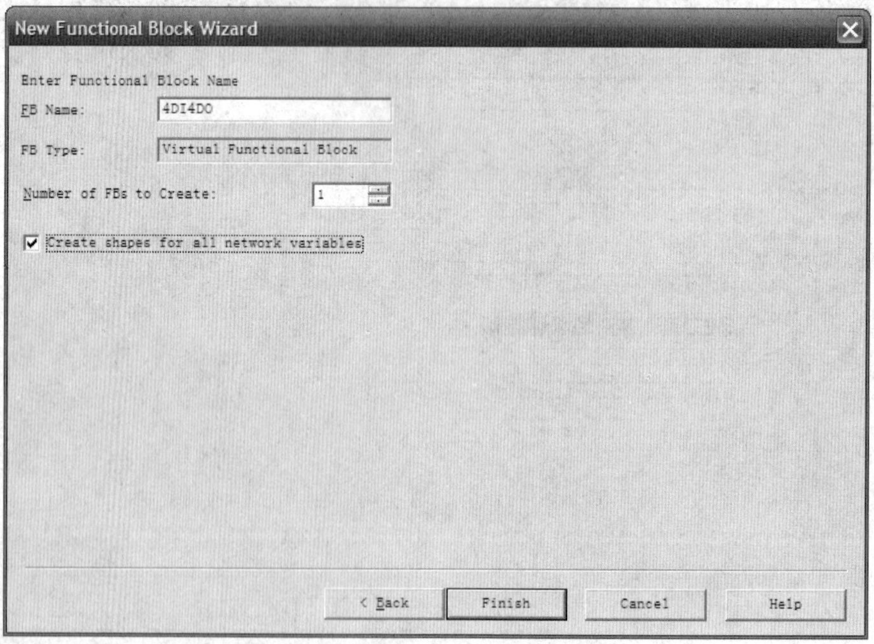

图 7-34 界面

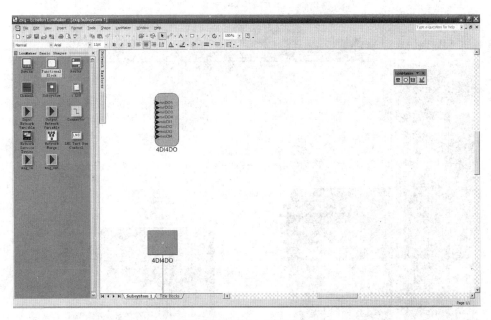

图 7-35 界面

方法 7. 如何连接功能模块间的关系?

1) 点击 ![Connector], 拖入网络面板中, 得到如图 7-36 界面。

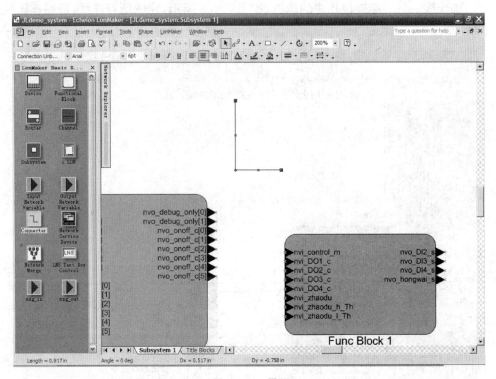

图 7-36 界面

2) 将线的一端拖动, 连接至其中的一个端口, 如图 7-37 所示。

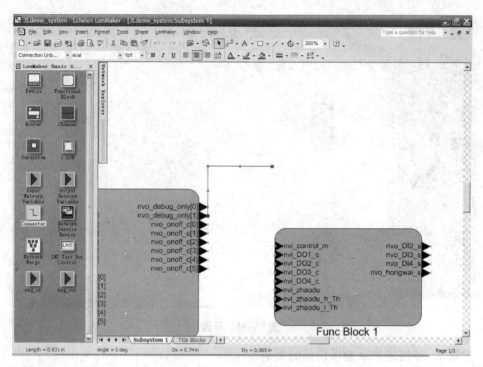

图 7-37 界面

3) 将连线的另一端连在相应的端口,如图 7-38 所示,完成所有连线,最终连接成图 7-39 界面。

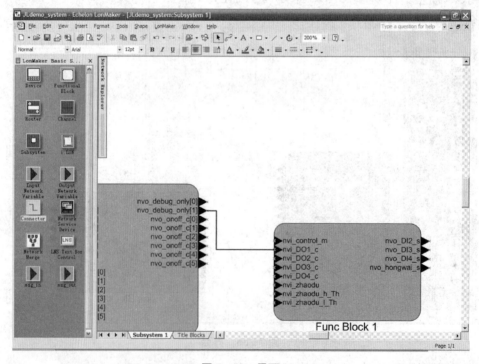

图 7-38 界面

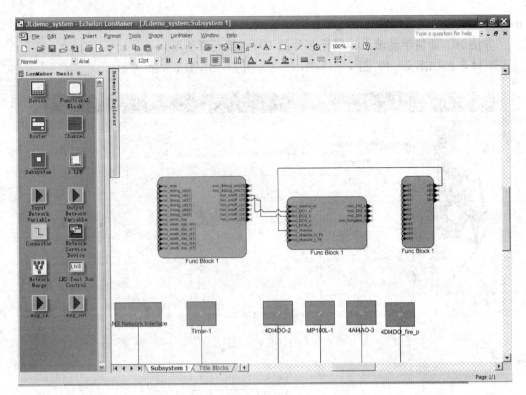

图 7-39 界面

Notice：

端口选择的要点：端口的类型的要匹配，模拟量对应模拟量，数字量对应数字量。

方法 8. 如何使用 Timer 定时器模块？

1) 通过对 4DI4DO 模块中 nvi_control_m 变量的控制来实现控制方式。实验操作前先右击 nvi_time，选中 monitor，使 Mon 项 N 变为 Y。

2) 当 nvi_control_m=1 时实现远程定时控制。此时 Timer 模块的 nvi_timing_tab[0] 中的 16 位中第一位为信号输出位，若此时绑定 nvo_onoff_c[0] 则在 Timer 模块 nvo_onoff_c[0] 后面的值变为 1，若此时绑定 nvo_onoff_c[1] 则在 Timer 模块 nvo_onoff_c[1] 后面的值变为 1。

3) Timer 模块的 nvi_timing_tab[0] 中的 16 位除去第一位，后面三位为定时开的时、分、秒，再后面的三位为定时关的时、分、秒。由于本实验只需精确到分，秒位在模块编程时未予以实现。

4) 同时 Timer 模块中 nvi_week_day 需要设置周一至周日，若周一有效则在 nvi_week_day_e[0] 中的第一位置 1，若一周都有效，则把前七位置 1。

方法 9. 如何使用照度控制照明？

1) 打开 4AI4AO 模块，将 AI1_gain 值设为 1。

2) 将 AI1_value_20 mA 的值设为 1 000。

3) 模拟信号通过 4AI4AO 发送到 4DI4DO 的 nvi_zhaodu，使用照度的高低门限来控制灯的开关。设置 nvi_zhaodu_h_Th，若当前照度高于此时设置的照度，则灯关闭，设置

nvi_zhaodu_l_Th,若当前照度低于此时设置的照度,则灯打开。

方法 10. 如何手动填入神经元芯片的 ID？（第五章使用）

具体步骤如图 7-40,图 7-41,图 7-42,图 7-43,图 7-44 所示。

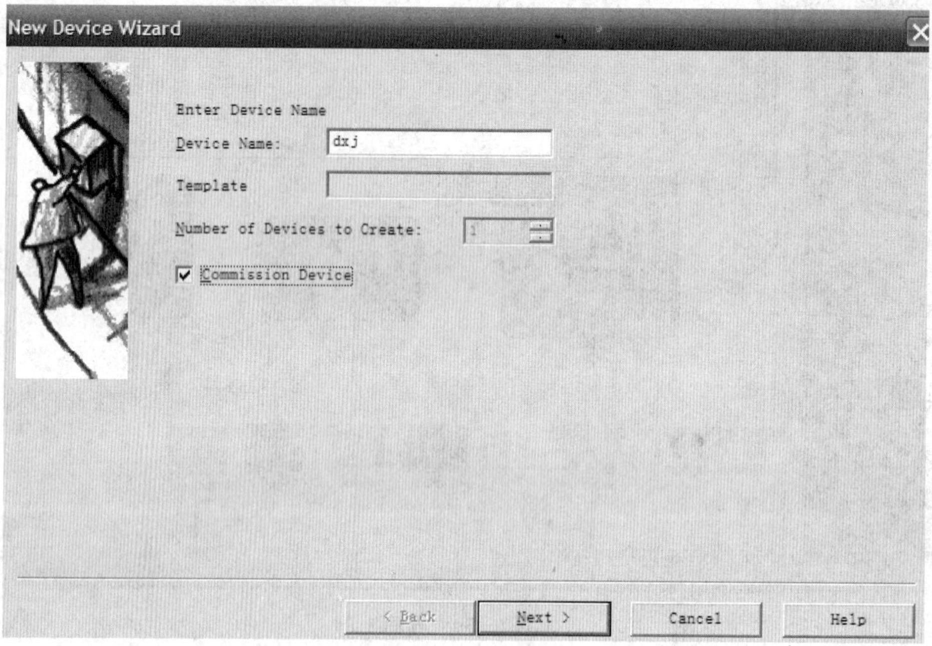

图 7-40　界面

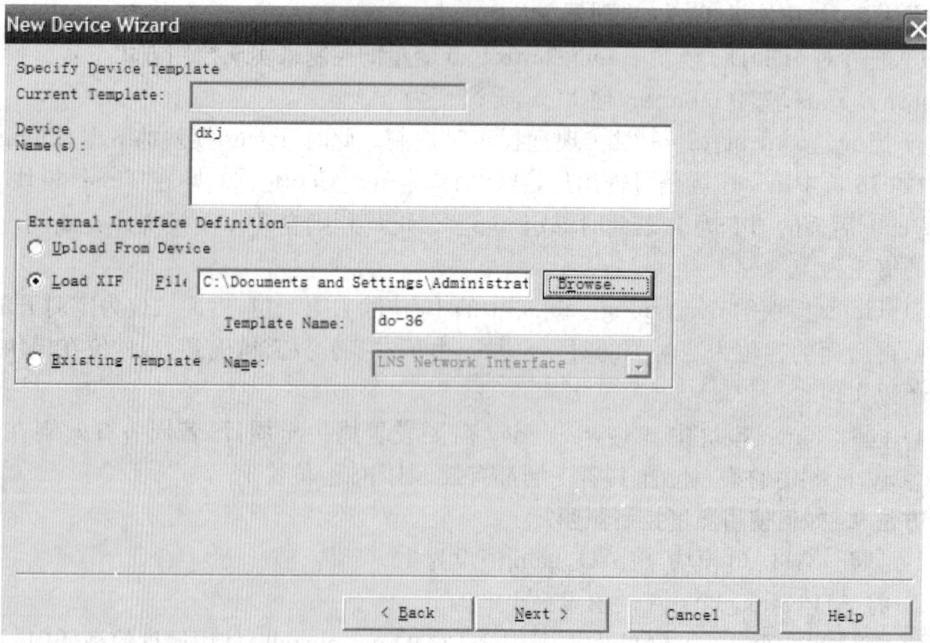

图 7-41　界面

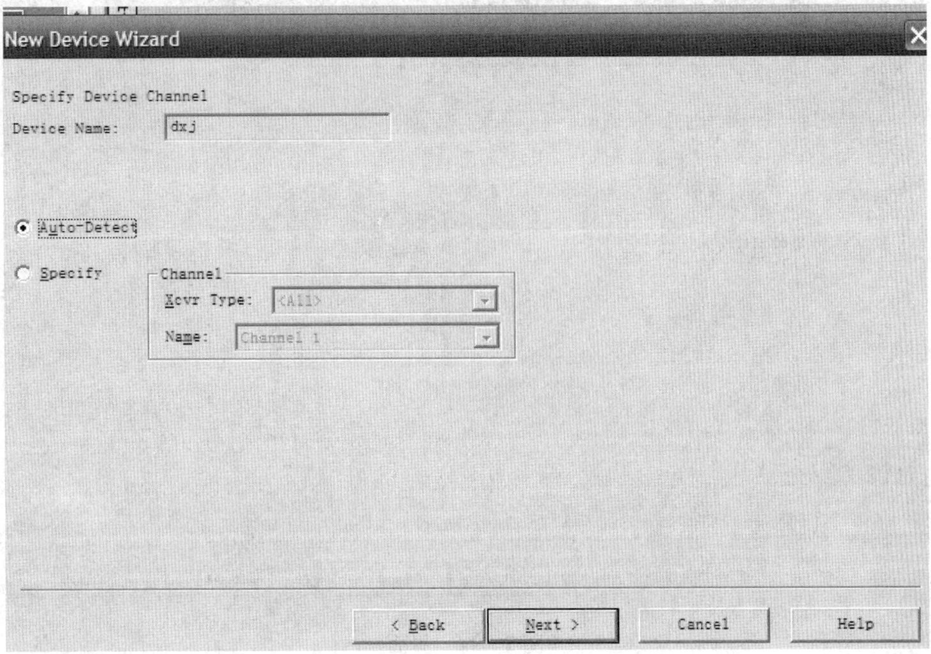

图 7-42 界面

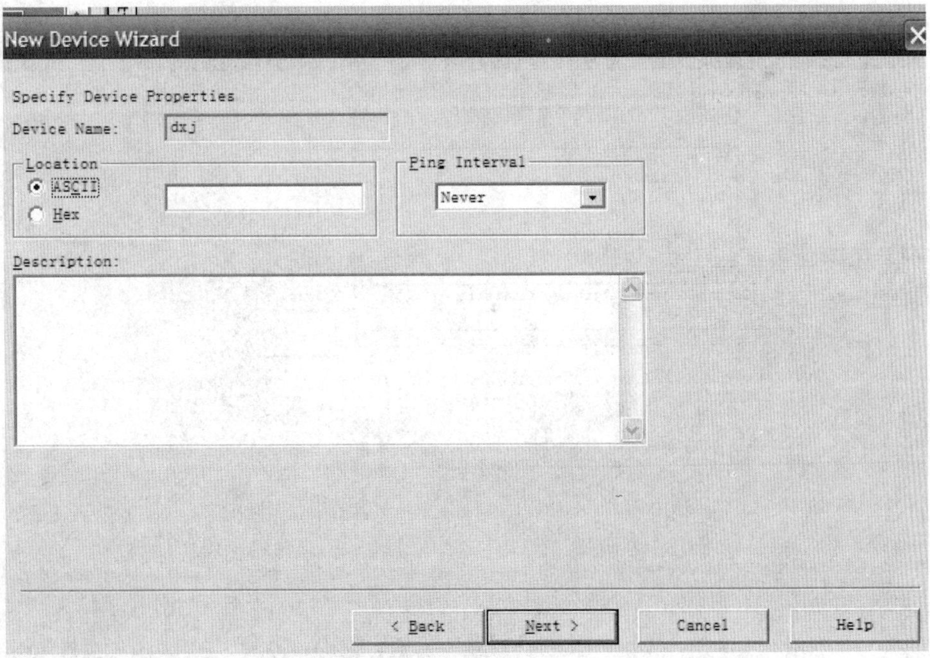

图 7-43 界面

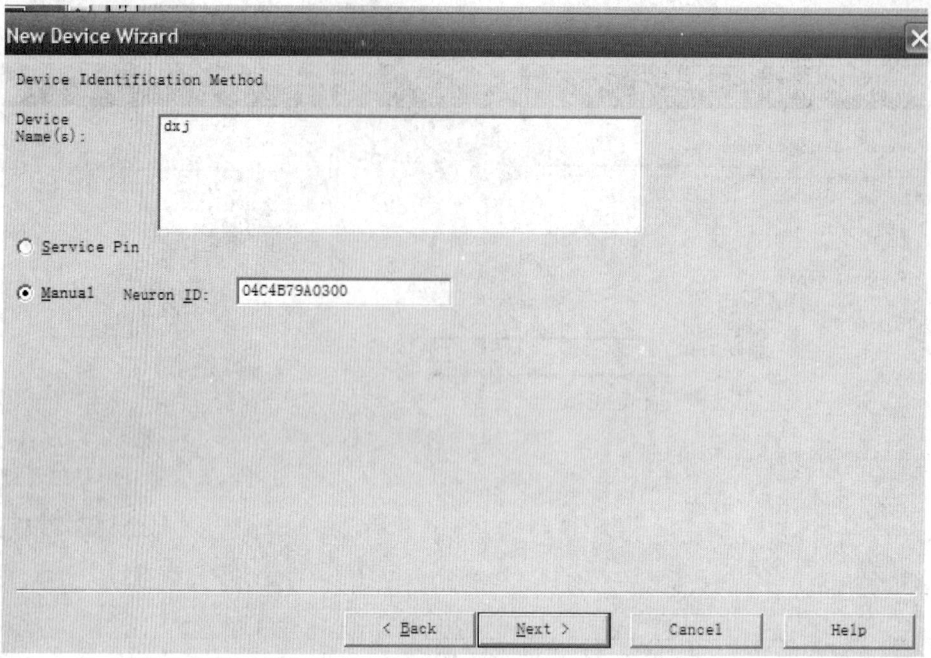

图 7-44 界面

在图 7-44 界面的步骤中填入实验台模块上标识的 NeuronID 编号。后继续完成如图 7-45,图 7-46,图 7-47 所示步骤,即可完成手动绑定神经元芯片。

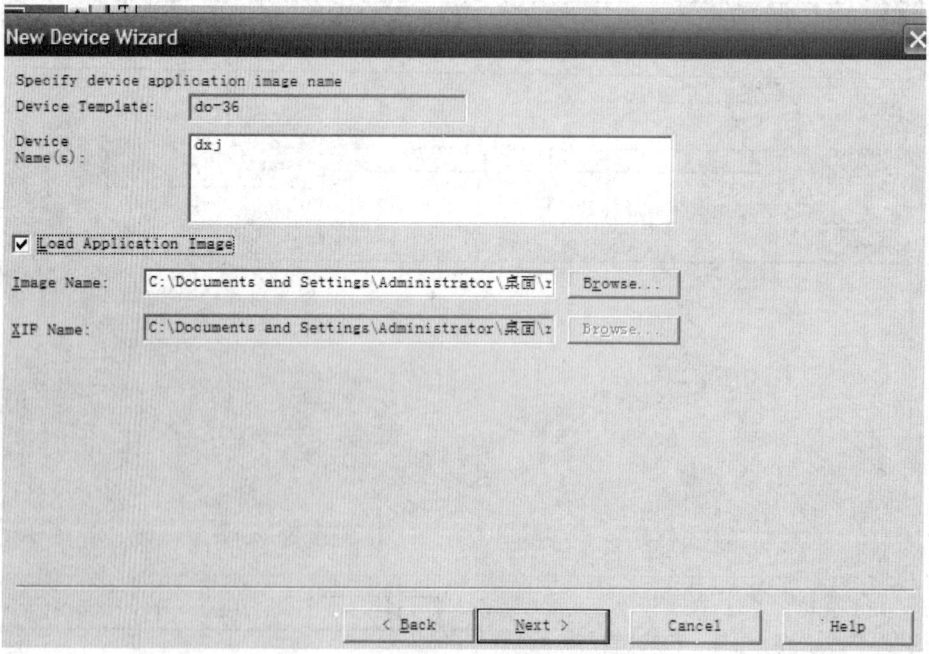

图 7-45 界面

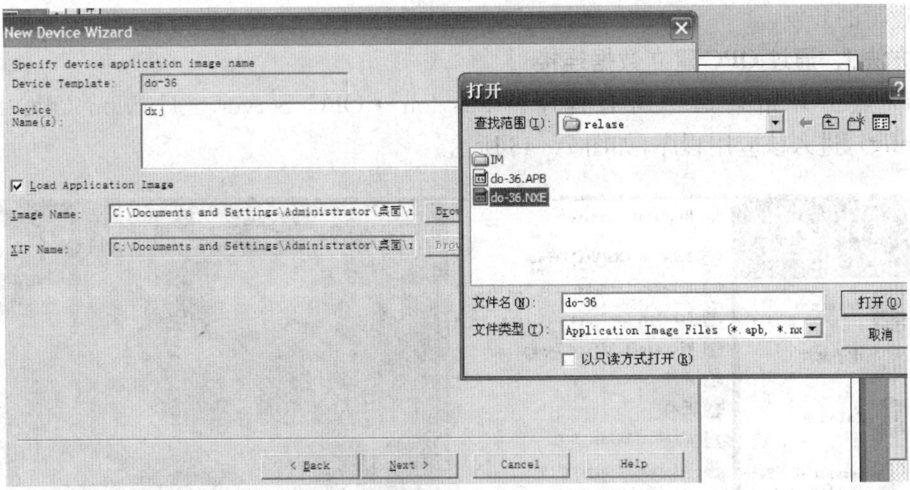

图 7-46 界面

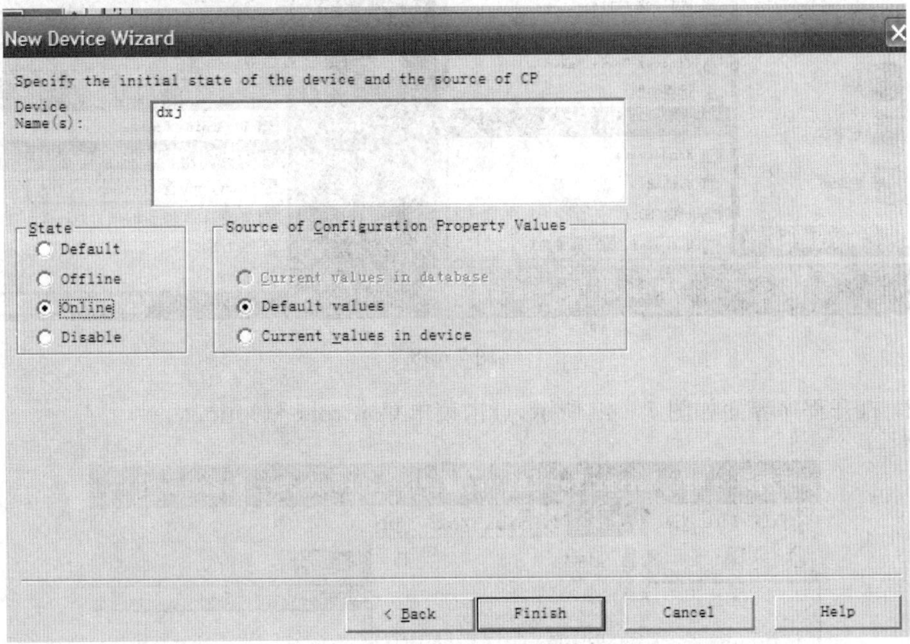

图 7-47 界面

三、OPC 实用方法介绍

OPC 是 OLE for Process Control 的缩写。顾名思义，OPC 是一种利用微软的 COM/DCOM 技术来达成自动化控制的协议。OPC 为硬件制造商与软件开发商提供了一条桥梁，透过硬件厂商提供的 OPC Server 接口，软件开发者不必考虑各项不同硬件间的差异，便可自硬件端取得所需的数据信息，所以软件开发者仅需专注于程序本身的控制流程的运作。在使用 LonMaker 完成了底层设备组网的任务后，我们通过 OPC 技术建立数据连接，采集底层数据，使得开发者无须了解硬件构造和数据采集的原理，只专注于上层用户业务逻辑的开发。

方法 1. 通过 OPC 建立数据连接

1) 点击开始菜单→所有程序→Easylon→OPC Server→Easylon OPC Server L(config)，进入该应用程序，如图 7-48 所示。

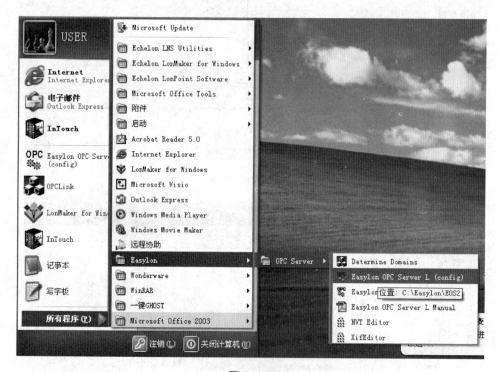

图 7-48

2) 打开程序界面如图 7-49 所示，点击菜单 Controls→Options。

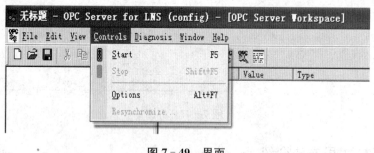

图 7-49 界面

3) 弹出选项对话框如图 7-50 所示。

4) 点击 Network 下拉选项，如图 7-51 所示。

Notice 1：

"xbf"为新建 LonMaker 网络时所指定的 NetWork Name，LON5 为当前项目使用的 LON 卡序号。

5) 点击"OK"，进入 OPC Server 的监控界面如图 7-52 所示。

图 7-50 界面

图 7-51 界面

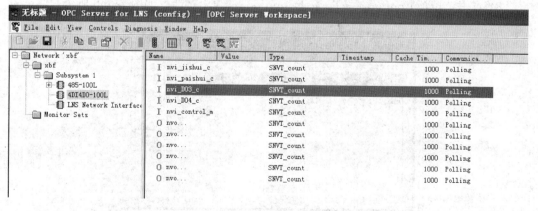

图 7-52 界面

Notice 2:

通过展开左侧的树形结构,可以监控当前网络设备的状态。

6) 点击" ",进入保存选项如图 7-53 所示,可以将此数据连接保存在适当位置。

图 7-53 界面

7) 点击桌面" ",出现图 7-54 所示窗口界面。

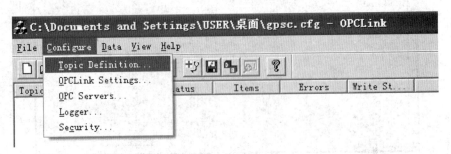

图 7-54 界面

8) 点击菜单项 Configure→Topic Definition→,弹出对话框如图 7-55 所示。

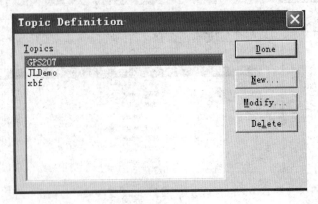

图 7-55 界面

9) 点击"New…",出现图 7-56,定义数据连接的主题名等信息。

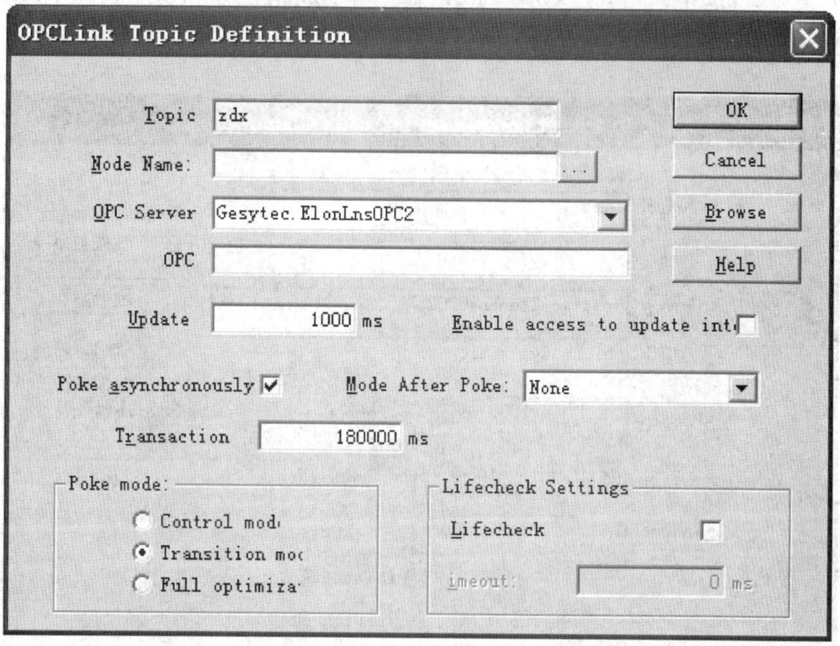

图 7-56 界面

Notice 3:

在 Topic 处填写主题名;在 OPC Server 下拉选项处选择如图 7-56 的选项;将鼠标移动到 OPC 选项的空白处。

10) 完成 Notice 3 的要求后,点击图 7-56 的"Browse"按钮,出现图 7-57 界面。

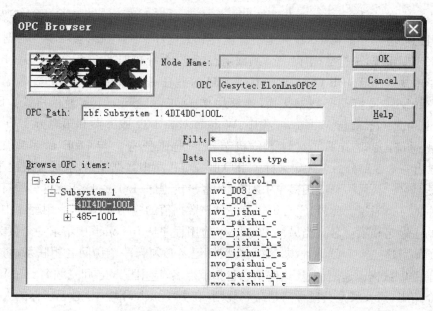

图 7-57 界面

11) 在"Browse OPC items"中展开树形，找到需要建立数据连接的设备，如"4DI4DO-100L"，选中它后，在"OPC Path"中自动生成路径如图所示，将 4DI4D0-100L 字符删掉后点击"OK"，出现图 7-58 界面，点击"OK"即可。

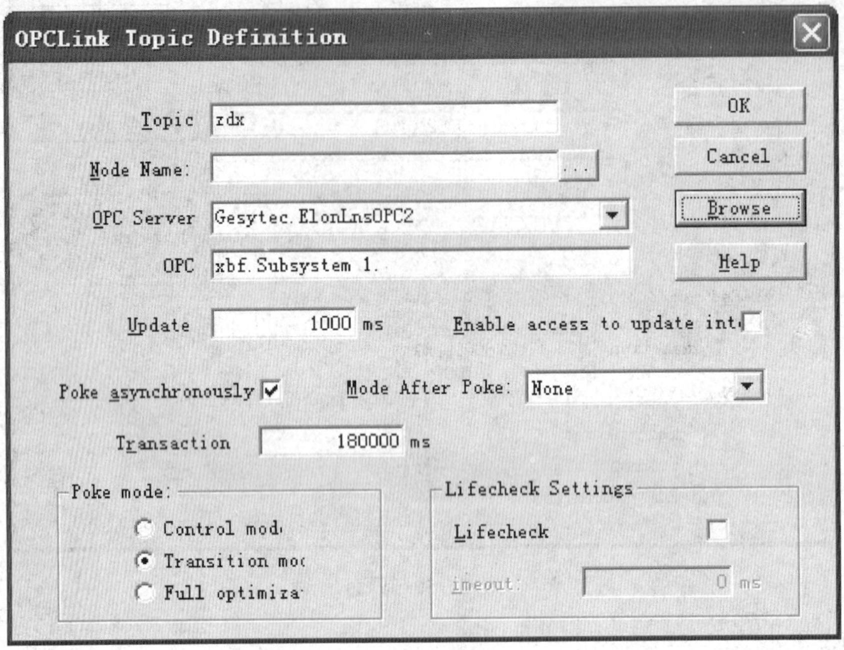

图 7-58 界面

四、InTouch 实用方法介绍

InTouch 是由 wonderware 公司开发面向工业控制人机对话界面（HMI）开发工具，提供了组态环境 WindowMaker 和运行环境 WindowViewer。在组态环境下根据用户业务需要来定制系统，进行数据库组态，画面组态，定义系统数据采集和控制任务。InTouch 运行环境中执行 InTouch QuickScripts 来实施这些任务，进行报警、历史数据记录和报告。InTouch9.0 支持动态数据交换，能够用作 DDE 和 SuiteLink 通信协议。DDE 和 SuiteLink，InTouch 能与 Windows 程序、Wonderware I/O 服务器和第三方 I/O 服务器程序实现通信，实现 InTouch 与下位机节点的通讯任务。与 DDE 命名规则一致，InTouch 由一个三部分命名约定来标志 I/O 服务器程序中数据元素，包括应用程序名、主题名和项目名。从另一个应用程序中到数据，客户机程序（InTouch）指定这三项打开到服务器程序的一个通道。此外，它必须知道提供该数据值的应用程序名，应用程序中包含该数据值的主题名和项目名。当另一 Windows 应用程序从 InTouch 中请求一个数据值时，它也必须知道这三个 I/O 地址项。I/O 类型标记名必须与一个访问名相联系，访问名包含了用于 I/O 数据源通信信息，这些信息包括节点名、应用程序名和主题名。在 InTouch 的方法介绍中，请大家尤其要弄清楚命名规则，在 InTouch 环境中，对于名称的大小写是敏感的，尤其要注意！

在进行用户界面设计时,我们遵循实用原则,将用户功能模块中需用到的数据查询和操作任务以一定的业务逻辑设计在界面上,因此在设计 InTouch 用户界面时我们关注于功能性和美观性、易用性。

方法 1. 如何新建 InTouch 应用程序?

1)点击计算机窗口的 图标,进入该应用程序界面,如图 7-59 所示。

图 7-59 界面

2)点击图 7-59 所示 图标,即新建图标。跳出图 7-60 的选项图示,点击下一步。跳出下一个选项图标 7-61,将 中最后一个新建的名字换成自己要设置的名字,然后点击下一步,跳出下一个选项如图 7-62 所示,然后改下名称(自行设置)。最后点击完成。

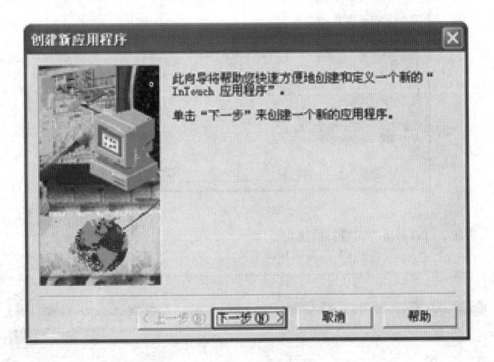

图 7-60 界面

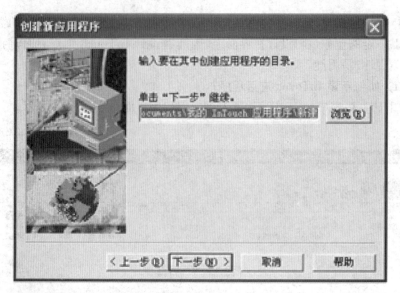

图 7-61 界面

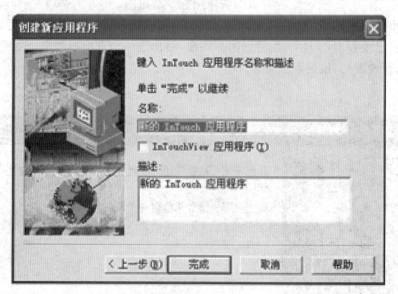

图 7-62 界面

方法 2. InTouch 界面窗口的建立

1) 当上述方法 1 完成后,会跳出如图 7-63 的窗口。点击刚才新建的程序,如我设置的 nevermore,点击它进入界面窗口的设置界面,如图 7-64 所示。

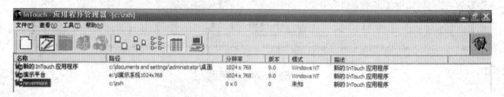

图 7-63 界面

图 7-64 界面

2）点击窗口，跳出设置窗口如图 7-65 所示。通过此窗口你可以对设置的窗口属性进行定义，如名称、窗口颜色等，设置好后，按确定按钮即可。完成后的界面如图 7-66 所示。

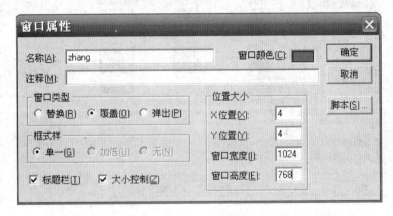

图 7-65 界面

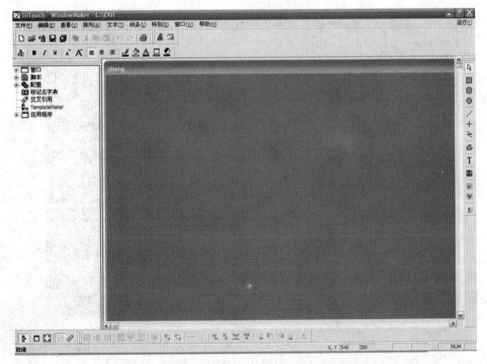

图 7-66 界面

方法 3. 开关的设计过程

1) 拖入开关：点击选项倒数第二个 ![toolbar] 向导图标，跳出向导选择窗口，如图 7-67 所示。在窗口左边选择开关，然后窗口的右边显示出各种开关的图标，选择你需要使用的开关，如固定开关，选择点击，拖入界面窗口里，设置完成如图 7-68 所示。

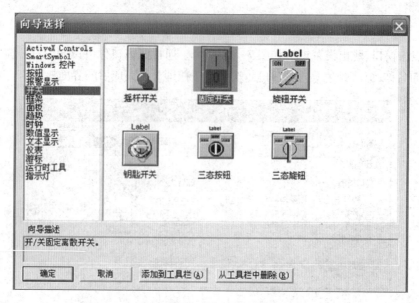

图 7-67 界面

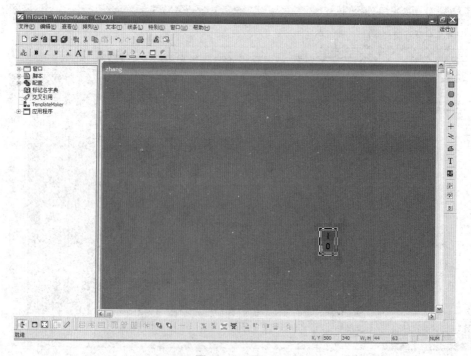

图 7-68 界面

2) 开关的数据设置。双击界面里的开关图标,跳出图 7-69 的窗口,在这一窗口里我们可以对开关的标记名进行设置,可以用中文拼音或英文,只要能代表你所设置开关的以及即可,比如 zkg 等等,但不能出现中文或者全数字的非法字符。设置好标记名后点击确定按钮,弹出图 7-70 的窗口界面。在图 7-70 所示的界面中我们可以对该按钮进行进一步的设置,主要是类型。如图 7-70 所示点击窗口中的类型按钮,会跳出类型选项窗口,如图 7-71 所示,在这一选项窗口里,我们可以选择它的变量类型,如,勾选开关的变量类型为 I/O 离散,按确定按钮即可。按确定后跳出如图 7-72 所示的窗口,在这一窗口我们设置访问名与项目名。

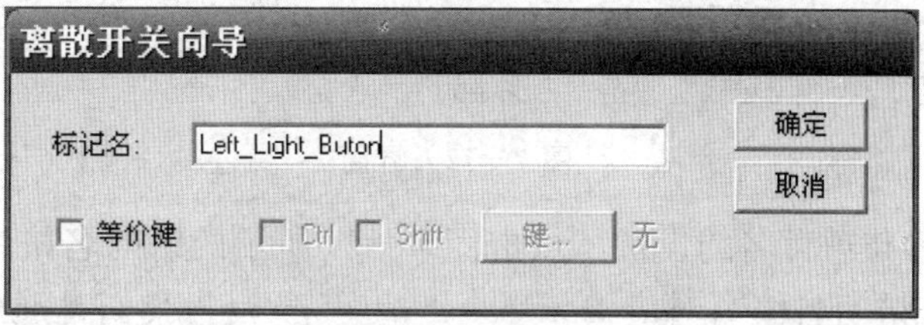

图 7-69 界面

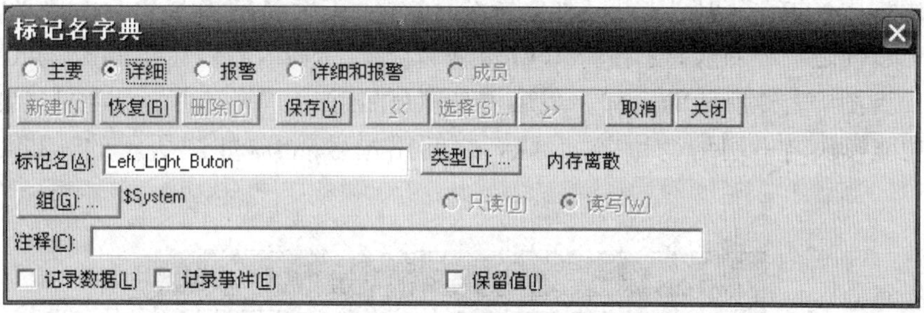

图 7-70 界面

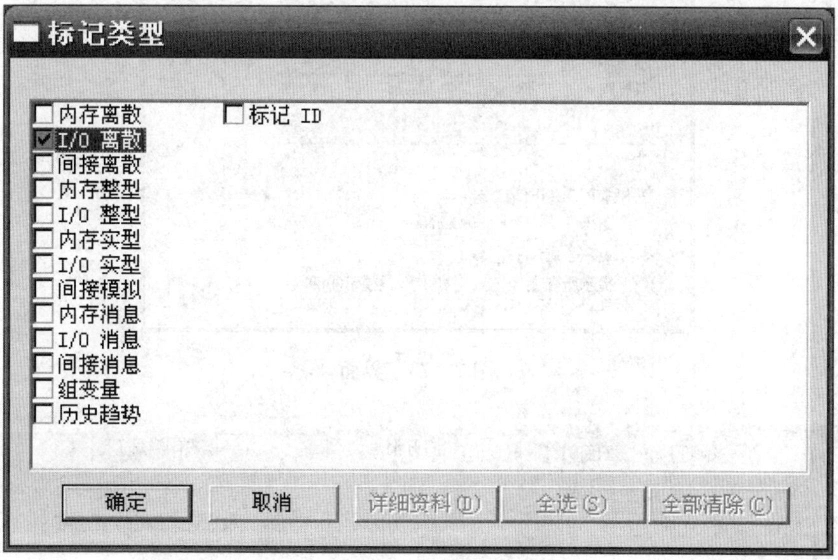

图 7-71 界面

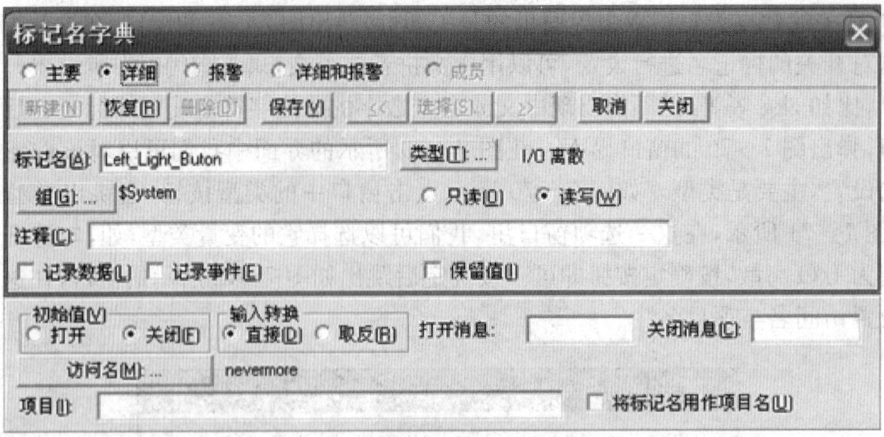

图 7-72 界面

3) 开关访问名与项目名的设置。点击图 7-72 所示的访问名按钮,弹出如图 7-73 所示的设置窗口。访问名填写对应 LonMaker 的名字,因为我们是通过 InTouch 来访问我们所编辑的 LonMaker 前台程序的,所以要一一对应,不能设置错误;节点名我们可以不填,应用程序名填写 OPCLINK,大小写没有影响;主题名的填写要与 OPCLINK 设置的名字一致,使之一一对应;使用 SuiteLink 协议,选上即可,最后点击确定完成对访问名的设置,回到图 7-73 所示的窗口。最后填写项目名(如图 7-74 所示),项目名的命名规则是 r+功能模块名+网络变量名,后两者之间用逗号隔开,如图所示的 r4DI4DO.nvi_DO2_c。

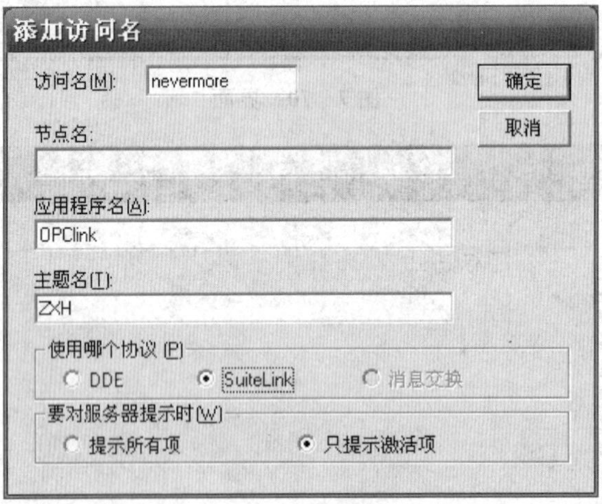

图 7-73 界面

图 7-74 界面

4）项目名的快速不易错方法介绍。打开 LonMaker，选择对应的功能模块右击，再点击 Browse，弹出一个监控窗口，如图 7-75 所示。再选择对应的网络变量名右击，选择 Details。弹出如图 7-77 所示的窗口，然后从这里把后两项复制到 InTouch 中，把"/"号改成"."号即可。

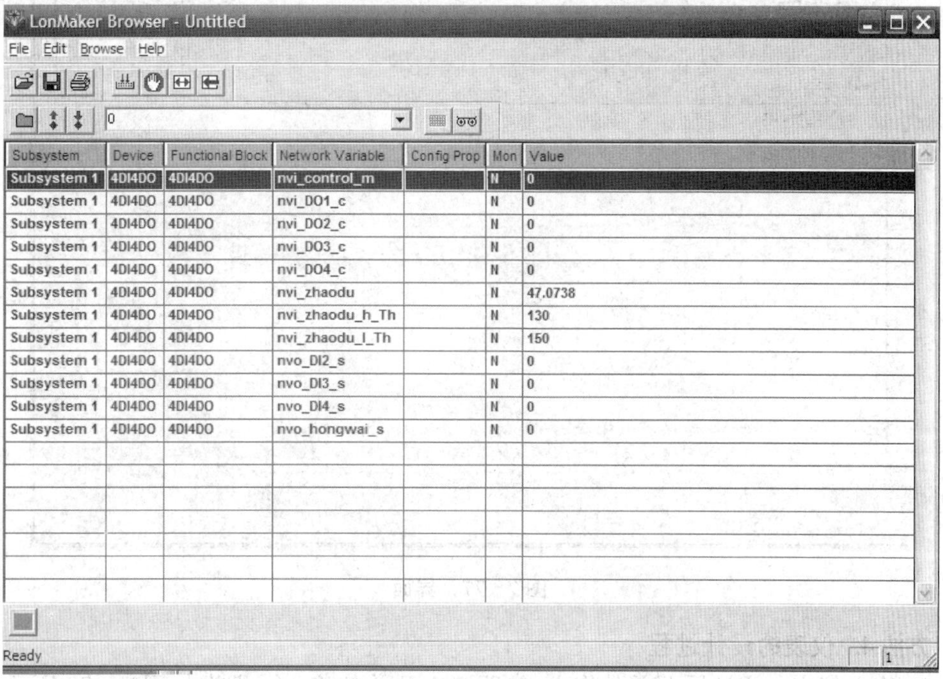

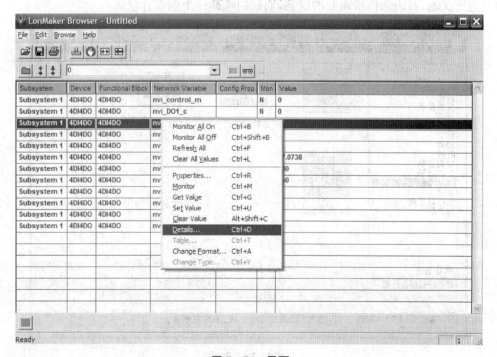

图 7-75 界面

图 7-76 界面

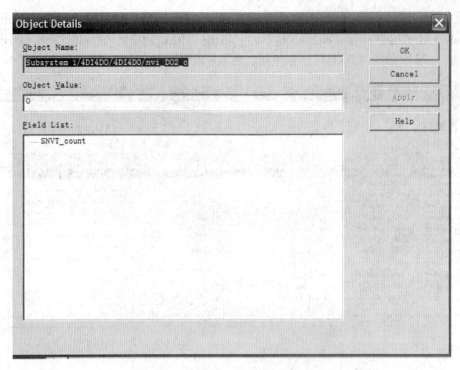

图 7-77 界面

方法 4. 仪表的设计过程

1) 拖入仪表。方法同开关的拖入,参照 3.1 开关的拖入。即在如图 7-78 所示窗口的左边选仪表,右边选你所需要的仪表,如我们选择一个温度计仪表。

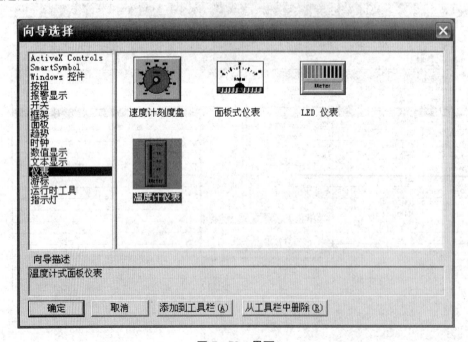

图 7-78 界面

2) 仪表的设置。点击编辑界面窗口的仪表图标双击,如图 7-79 所示。跳出如图 7-80 所示的仪表向导窗口填好表达式,如 zhaodu、zddx 等等,只要不是非法字符且易于让人明白即可。标签改成你所要模拟的仪器名称,如光照度计、温度计等等;仪表量程根据实践情况进行设置。然后将鼠标移至表达式"zhaodu"的中间,双击鼠标弹出类型,访问名,项目名编辑窗口,此处设置与开关设置一样,注意类型为 I/O 实型,项目名根据命名规则填写即可,如 r4DI4D0.nvi_zhaodu 命名即可。

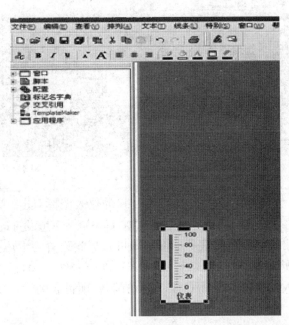

图 7-79 界面

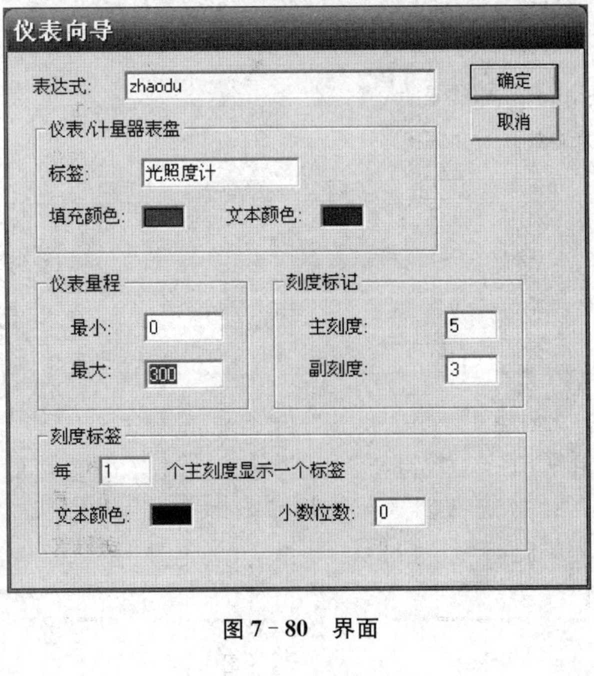

图 7-80 界面

方法 5. 电表的设计过程

1) 拖入电表。方法步骤参考方法 4 的 1),只是在图 7-78 选择面板式仪表,拖入界面编辑窗口如图 7-81 所示。

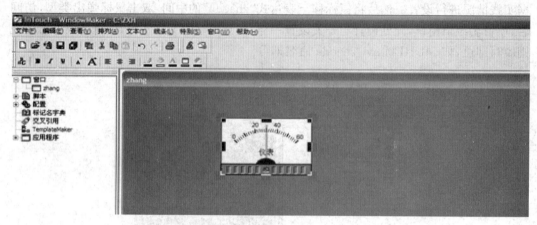

图 7-81 界面

2) 仪表的设置。点击图 7-81 编辑界面窗口的仪表图标双击,弹出如图 7-82 所示的窗口。在此仪表向导设置窗口中填写表达式如 Ua(如果你想设置的是电流表可以改成 Ia,Ib,Ic 等,只要不出现非法字符且易于理解即可);标签设置为电压(V);量程根据实际情况定,一般从零开始,如本电压表量程可以设置为 0~300。设置这些后将鼠标移至表达式 Ua 的中间,进入到变量类型(I/O 实型)、访问名、项目名的设置。设置方法同方法 4 的 2)仪表设置。

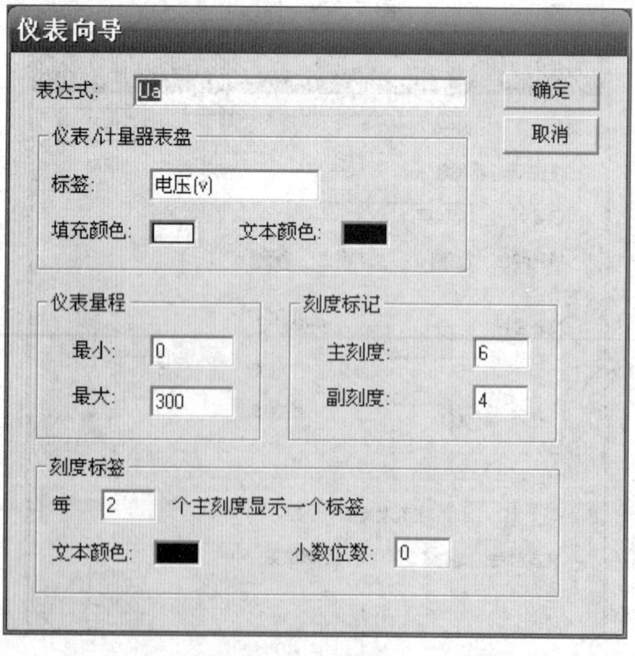

图 7-82 界面

方法 6. 数值显示与面板的设计过程

1）面板的拖入。点击向导按钮，出现一个窗口，然后点击面板，则右半部分显示出各种面板，如图 7‑83 所示。选择你要的面板，如嵌入式面板，拖入到界面编辑窗口中。如图 7‑84 所示。我们可以看鼠标箭头对面板的大小进行设置。

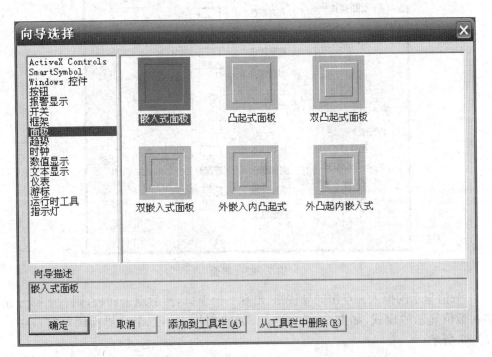

图 7‑83　界面

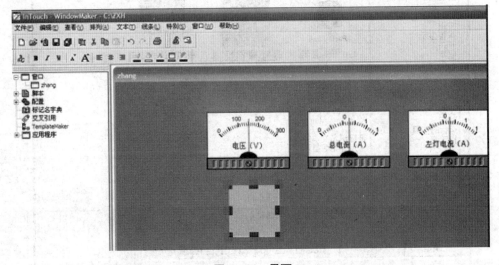

图 7‑84　界面

2) 面板的设置。双击面板图标,跳出如图7-85所示的面板向导编辑窗口。然后对面板样式进行设置,设置好后,按确定。

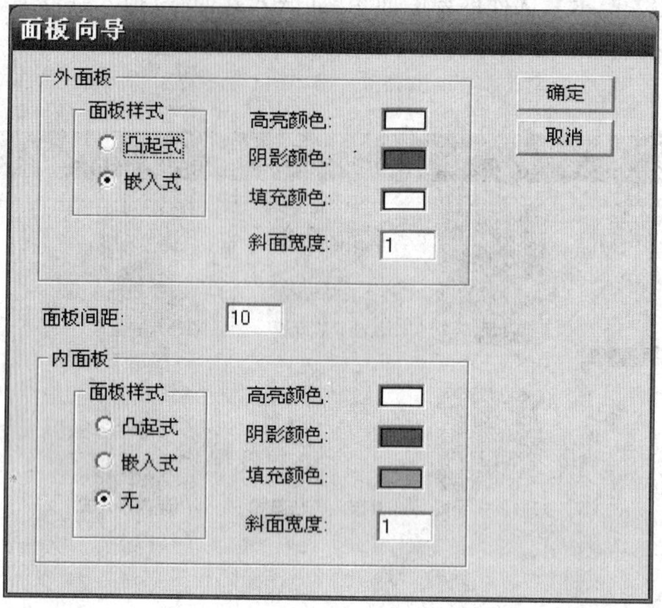

图 7-85 界面

3) 数值显示的拖入。点击向导按钮,出现一个窗口,然后点击面板,则右半部分显示出各种数值显示的模式,如图7-86所示。如我们拖入第二个到界面编辑窗口中。如图7-87所示。

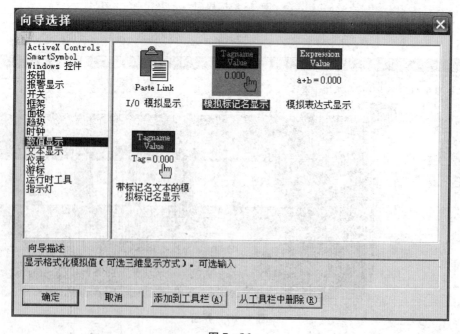

图 7-86

图 7-87 界面

4) 数值显示的设置。双击数值显示图标,跳出如图 7-88 所示的数值显示向导编辑窗口。然后对数值显示样式进行设置,例如我们对电压表的电压进行数值显示时,可以将标记名设置为 Ua,接着根据同样的方法对它的变量类型(I/O 实型)、访问名、项目名进行设置。

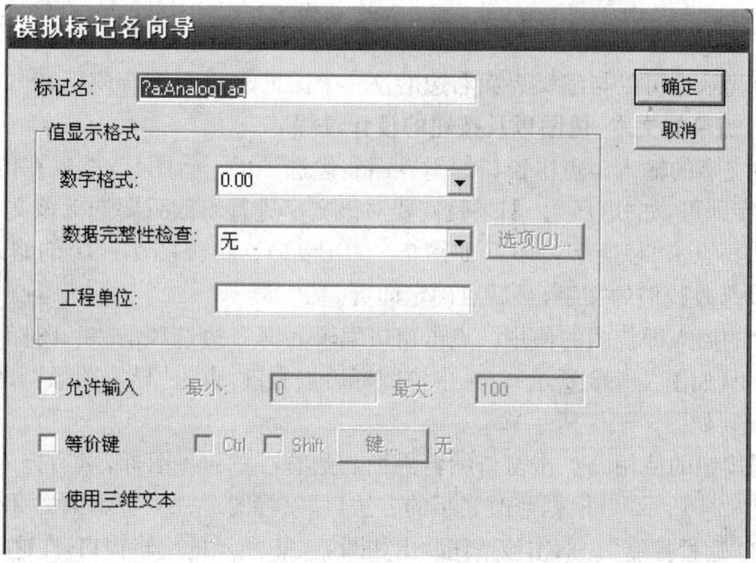

图 7-88 界面

5) 数值显示与面板的综合使用。通常数值显示与面板是放在一起使用的,当他们两者都设置好后,我们要将数值放在面板上显示,当将他们叠在一起的时候,数值会消失,怎样解决这一问题呢,我们可以有如下两种解决的方法:

(1) 将数值显示图标剪切然后再复制到面板上,则数值不会因为叠加而消失。
(2) 当他们叠加在一起的时候,可以点击图标右击选择"置后",则数值图标即可出现。如图 7-89 所示。

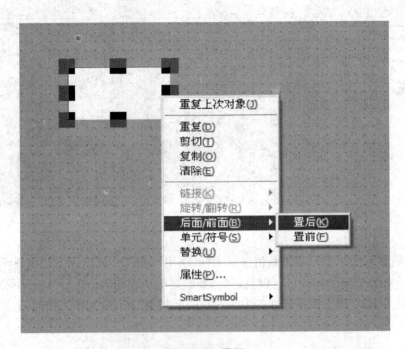

图 7-89 界面

6) 数值显示也可以与编辑界面右边的这三个图框进行综合使用。

方法 7. 简单的文本、位图以及按钮的设计过程

1) 简单文字的输入。点击窗口编辑界面右边选项的 T 图标,然后在窗口里输入你想输入的文字即可,如"电压"。如果我们要对该文字进行修改只要选上该文字后点右键,点击"替换",再点击"替换字符串"(如图 7-90 所示)。跳出图 7-91 的修改窗口,在这里,我们可以修改我们的文字,最后点确定即可。

2) 图片的插入即位图的使用。点击窗口编辑界面右边选项的 图标,然后拖入到编辑的窗口里(如图 7-92 所示)。选中该图标后点右键,点击"导入图像",即可插入你想要插入的图形(如图 7-93 所示)。

3) 控制按钮的使用。点击窗口编辑界面右边选项的 B 图标,然后拖入到编辑的窗口里(如图 7-94 所示)。根据修改文字的方法,可以将图 7-94 所示中的 Text 修改成你想要的,比如"远程控制"。双击该按钮跳出如图 7-95 所示的编辑窗口,在这一窗口我们可以对该按钮进行设置。例如:按下按钮时我们要进行一个动作,则如图 7-95 所示点"动作",跳出图 7-96 所示的编辑窗口,在编辑栏里输入按钮动作的条件,如 control_m=0;如果把鼠标移到 control_m=0;的中间对它的变量类型(I/O 整型)、访问名以及项目名进行定义。

4) 按钮的其他命令。
(1) "Show"显示窗口;"hide"隐藏窗口;用来按下时显示一个窗口或隐藏一个窗口。

图 7-90 界面

图 7-91 界面

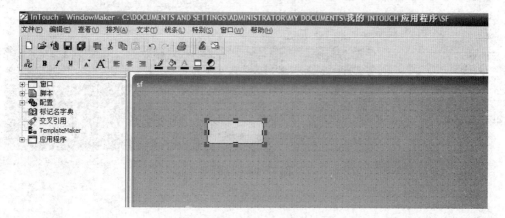

图 7-92 界面

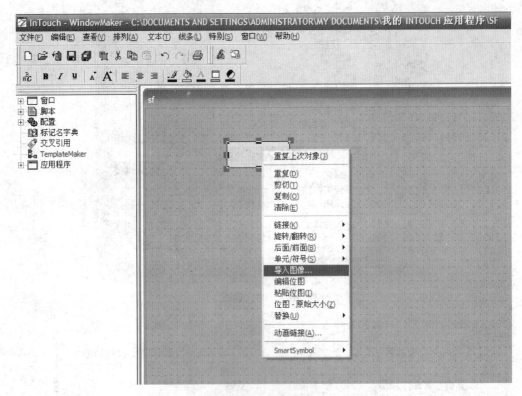

图 7-93 界面

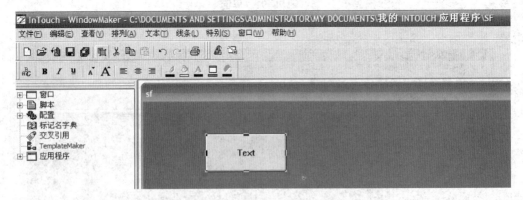

图 7-94 界面

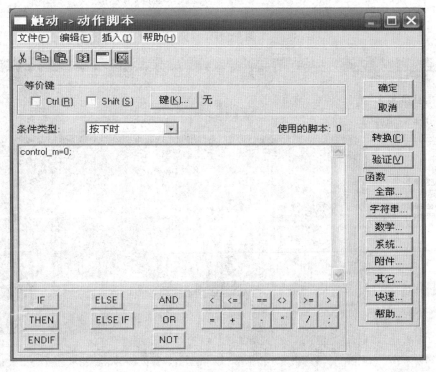

图 7-95 界面

图 7-96 界面

(2) Nhour＝＄Hour;Nminute＝＄Minute;Nsecond＝＄Second;"动作"时用来校时的校时按钮使用命令。

(3) 在图 7-95 的编辑界面中可以用来设置关闭窗口。

方法 8. 指示灯亮的设计过程

1) 指示灯的拖入。同其它界面图标的拖入,参照上述,不再介绍。如图 7-97 所示。例如拖入一个圆形警报器用来指示灯的开与关,可以与开关组合使用,如图 7-98 所示。

图 7-97 界面

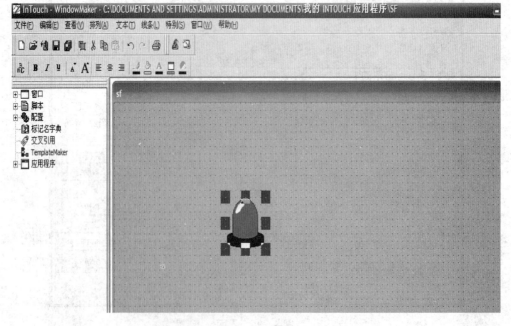

图 7-98 界面

2) 指示灯的属性设置。双击图 7-98 所示中的指示灯的图标,进入图 7-99 所示的属性设置窗口。在此设置窗口里,填写使得该指示灯亮的表达式,如 $Ic>0.1$(通过在 LonMaker 中比对在什么情况时灯亮进行设置,该数值介于灯亮与不亮之间的数据范围内)。接着讲鼠标移到所填表达式 $Ic>0.1$ 的中间,双击鼠标对剩下的变量类型、访问名、项目名进行设置。方法与上述一致,如图 7-100 所示。

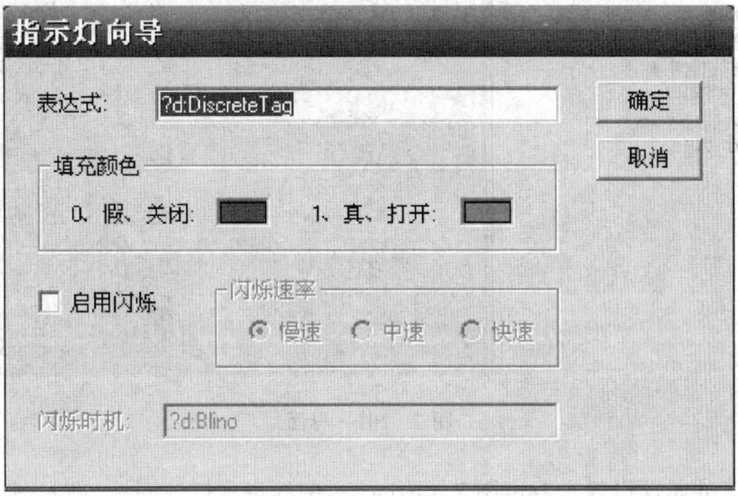

图 7-99 界面

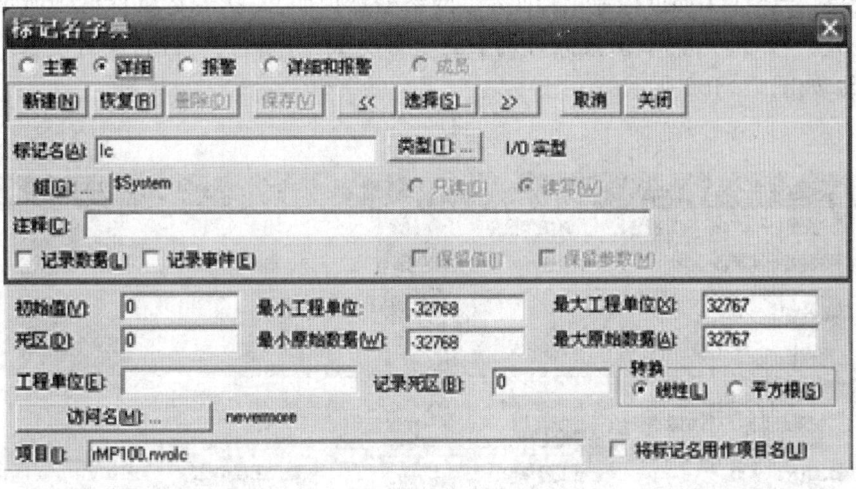

图 7-100 界面

方法 9. 指示灯指示控制方式选择的设计过程

1) 指示灯的拖入。同其他界面图标的拖入,参照上述,不再介绍。如图 7-101 所示。比如拖入一个环形指示灯用来表示控制模式的选择,可用于与控制按钮的组合使用,如图 7-102 所示。

图 7-101 界面

2）指示灯的属性设置。双击图 7-101 所示中的指示灯的图标，进入图 7-99 所示的属性设置窗口（因为它们窗口界面是一样的）。在此设置窗口里，填写进入何种控制模式的表达式，如 control_m==0（通过在 LonMaker 中网络变量的设置来确定的，如==0 为远程控制，==1 为照度控制，详细参考网络变量说明）。接着将鼠标移到所填表达式 control_m==0 的中间，双击鼠标对剩下的变量类型、访问名、项目名进行设置。方法与上述一致，如图 7-102 所示。

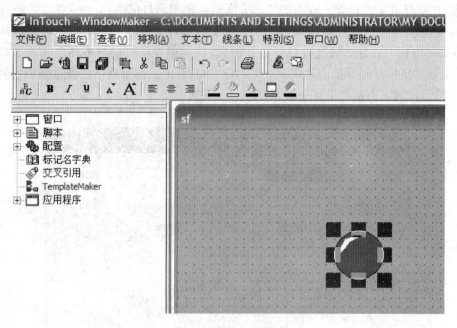

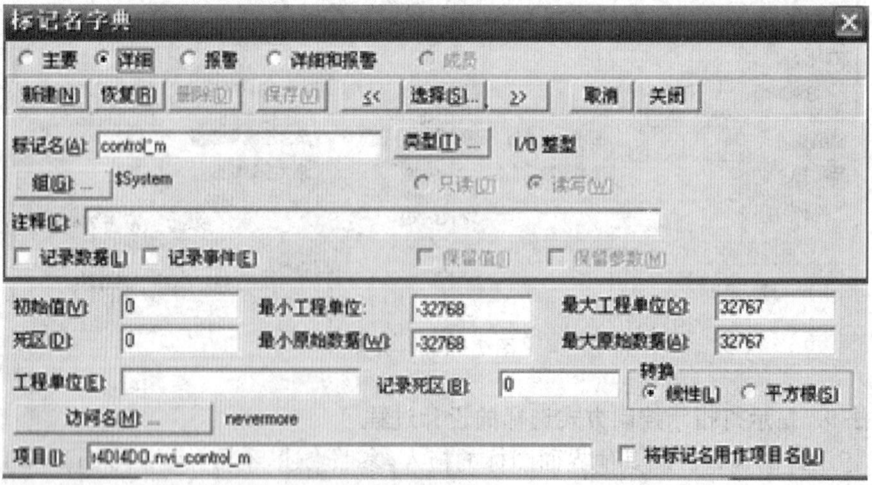

图 7-102 界面

方法 10. 文本的高级设置过程一

文本的高级设置过程。在完成方法 7.1)的基础上,可以对文本进行进一步的高级设置,例如设置文字的可见性来表示一种场景,如图 7-103 所示。双击图中的一个文本,如"有人",进入图 7-104 所示的设置窗口,设置你所要的属性如可见性、闪烁等。进入如图 7-105 的设置窗口。然后填写表达式对剩下的变量类型、访问名以及项目名进行进一步的设置。

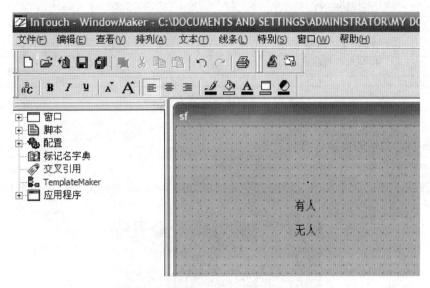

图 7-103　界面

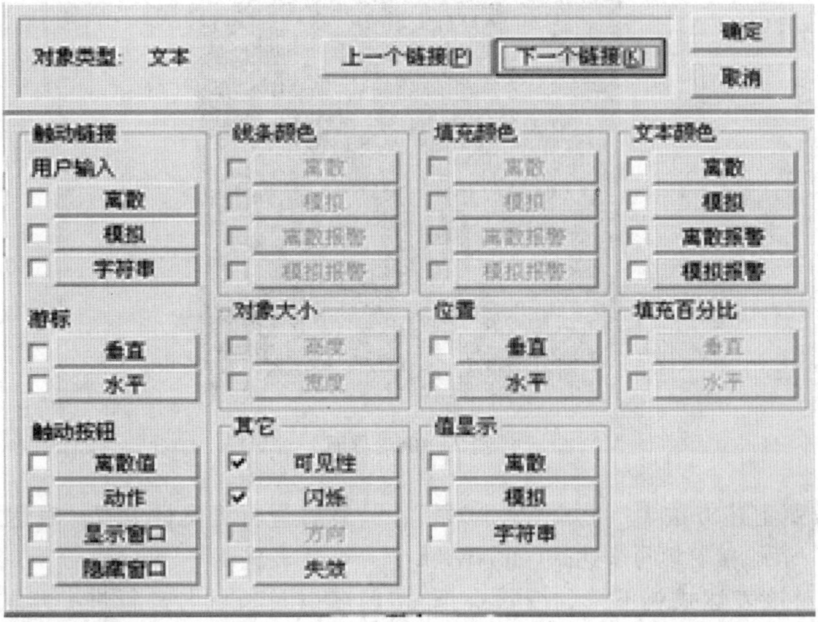

图 7-104　界面

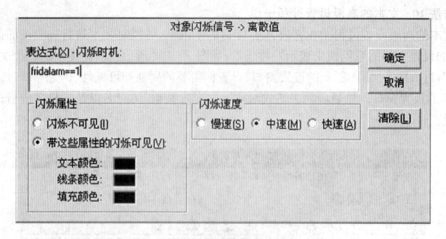

图 7-105　界面

方法 11.　文本的高级设置过程二

1) 下面以作定时控制的界面为例来讲解。

2) 按照上述的简单文本设置的方法先完成如图 7-106 所示的界面编辑窗口。

图 7-106　界面

3) 按照上述方法 10 的方法分别对一、二、到日进行可见性设置。表达式设置如图 7-107 所示。接着填写表达式（如 Nweek＝＝1 代表星期一、Nweek＝＝0 代表星期日），然后对该表达式剩下来的变量类型、访问名以及项目名进行进一步的设置，如图 7-108、7-109 所示。

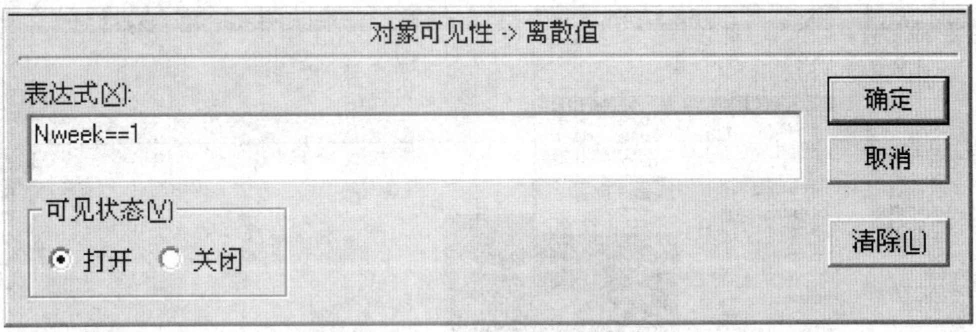

图 7-107 界面

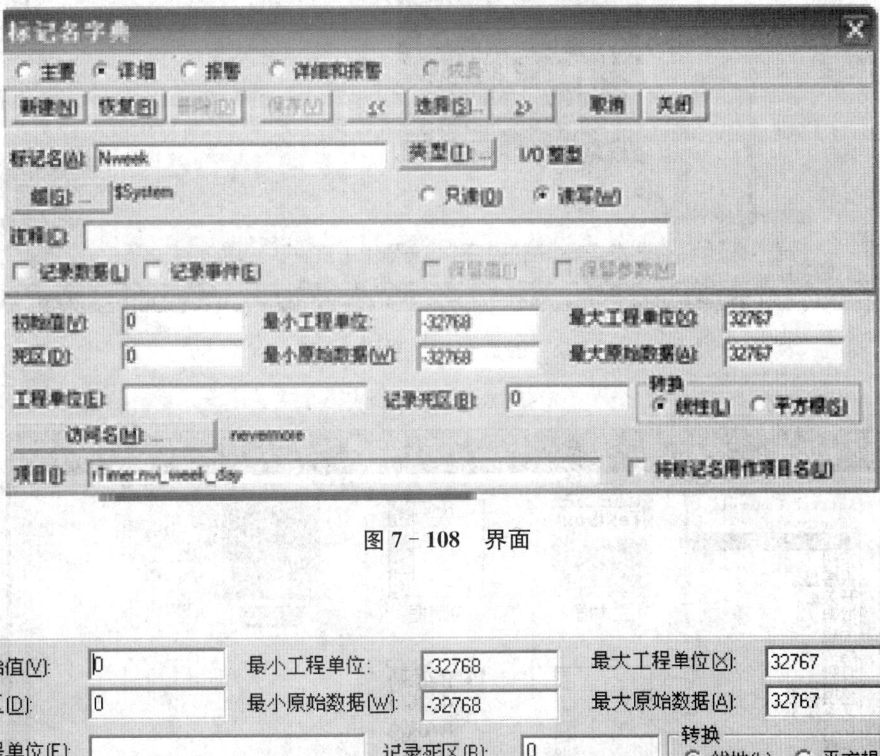

图 7-108 界面

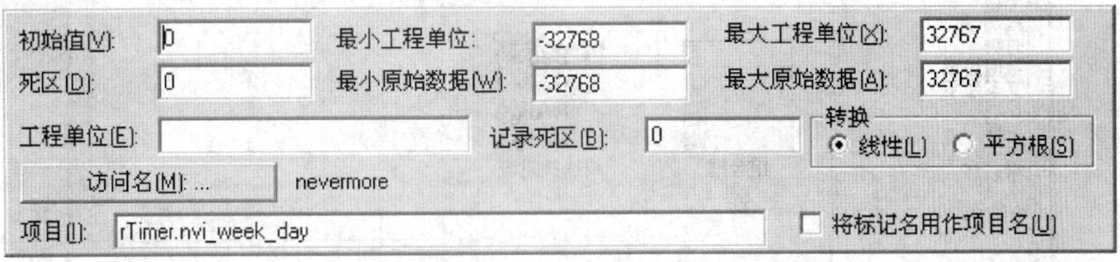

图 7-109 界面

4) 文本的对齐设置。如图 7-110 所示,选上一、二、三到日点击左对齐即可。

方法 12. Windows 控件的设置过程

1) Windows 控件的拖入。同其他的拖入方法一样,不再详细介绍。我们以复选框为例,如图 7-111 与图 7-112 所示。

图 7-110 界面

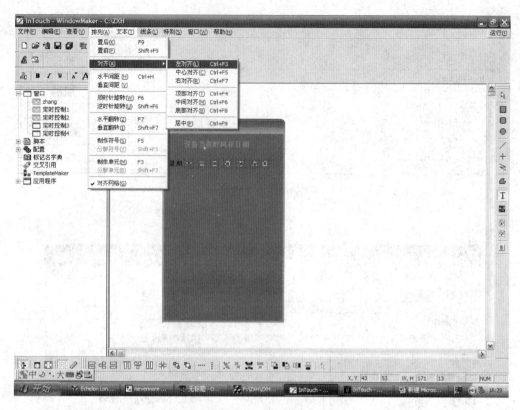

图 7-111 界面

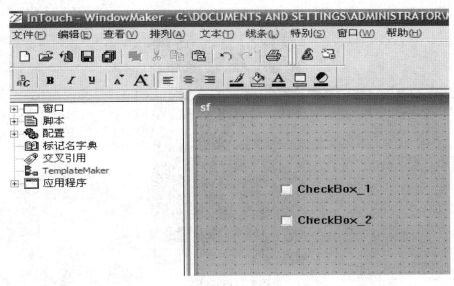

图 7-112 界面

2) 复选框的属性设置过程。双击上面的复选框图标,跳出如下图 7-113 所示的控件编辑窗口,在此窗口,我们以星期日复选框设置为例,可以将标记名填写为 week0-0,题注设为日,然后将鼠标移至 week0-0 的中间,对该标记名的变量类型(I/O 离散)、访问名以及项目名如图 7-114 所示进行进一步的设置。最后编辑好的如图 7-115 所示。

图 7-113 界面

图 7-114 界面

3) 制作复选框则用 windows 控件中的复选框,将文字改为周日~周六。类型为 I/O 整形,项目设置:rTimer.nvi_week_day 中,若是周日则为 rTimer.nvi_week_day.bit0,若是周一则为 rTimer.nvi_week_day.bit1。

图 7-115 界面

4) windows 控件文本框的添加,类型设置为"**内存消息**",项目设置:若为开灯时,则 rTimer.nvi_timing_tab[0].bit1,若为开灯分,则 rTimer.nvi_timing_tab[0].bit2。

方法 13. 间距、对齐功能的应用过程

1) 水平间距的应用。如图 7-116、7-117 所示。

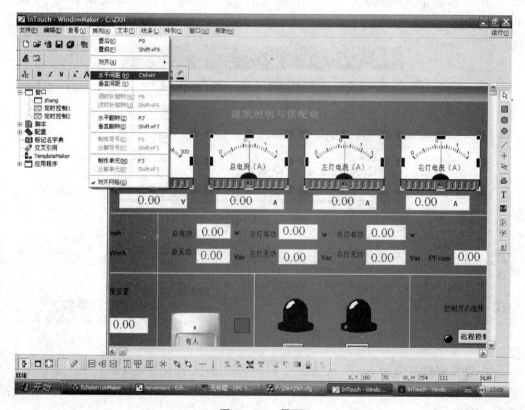

图 7-116 界面

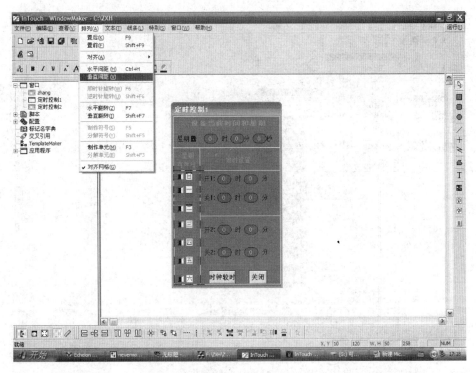

图 7-117 界面

2) 对齐的应用。如图 7-118、图 7-119 所示。

图 7-118 界面

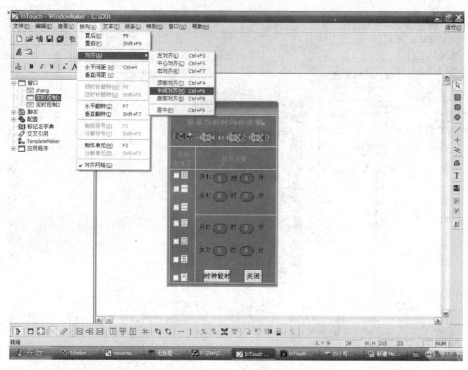

图 7-119　界面

方法 14. SmartSymbol 的应用过程

1) SmartSymbol 的生成以作给排水控制的为例：在如图 7-120 所示做好的界面中，选择你要的图，如图中的水箱，选上它，如图 7-121 所示，点击生成 SmartSymbol，此时如果不显示图 7-122 所示的提示，则生成成功，跳出图 7-123；如果显示图 7-122 所示的提示，则可以把你需要控件的组合成单元即可。

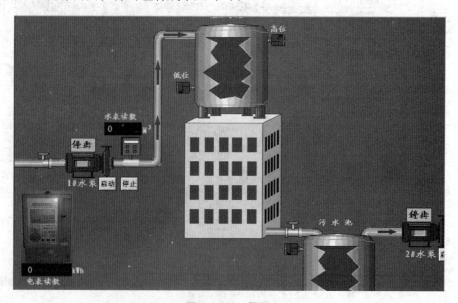

图 7-120　界面

第七章 工程化软件实现方法 105

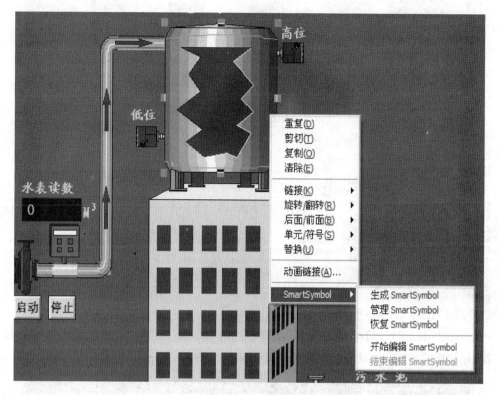

图 7-121 界面

图 7-122 界面

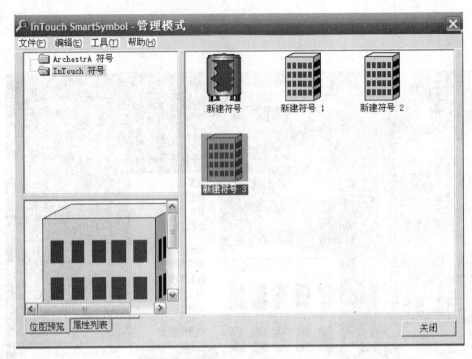

图 7-123 界面

2) SmartSymbol 的生成以导入给排水的界面元素为例,主要步骤如图 7-124、图 7-125、图 7-126、图 7-127、图 7-128、图 7-129、图 7-130 所示。

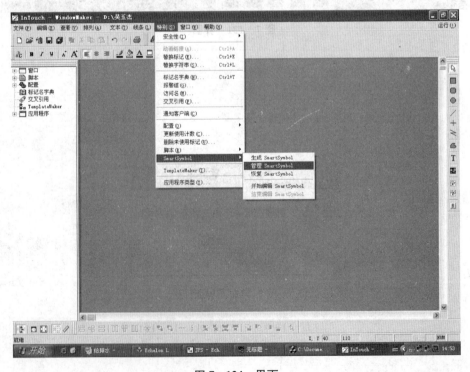

图 7-124 界面

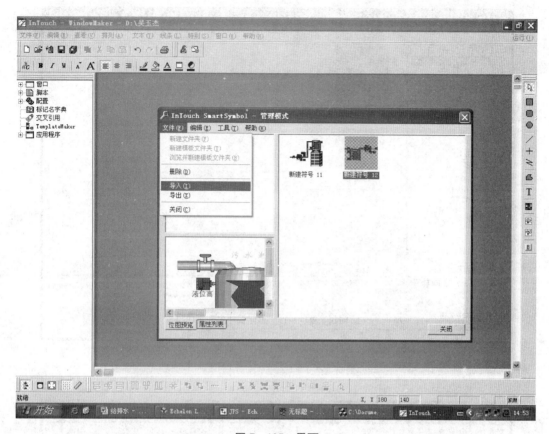

图 7-125 界面

图 7-126 界面

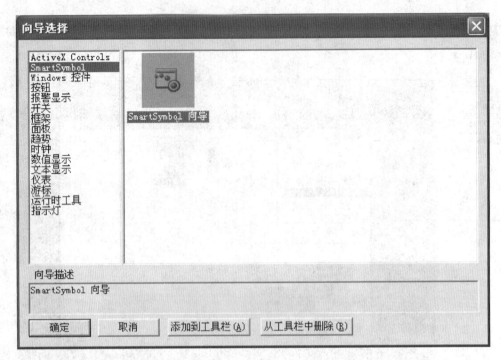

图 7-127 界面

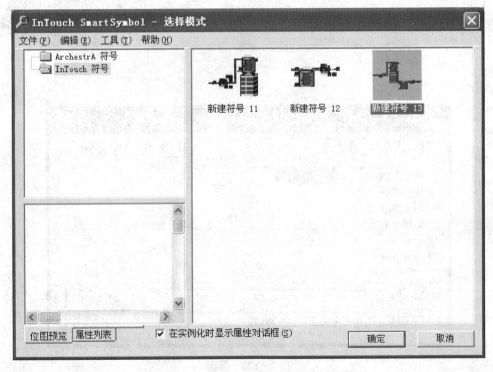

图 7-128 界面

第七章 工程化软件实现方法

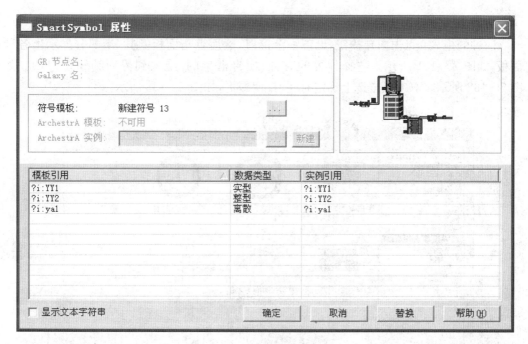

图 7-129 界面

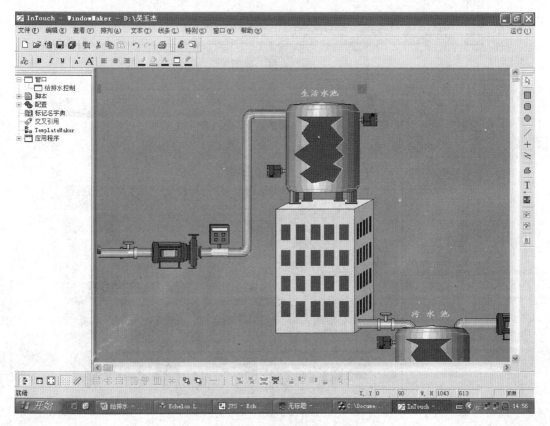

图 7-130 界面

方法 15. 时钟的应用过程

时钟的拖入：点击向导按钮，出现一个窗口，然后点击面板，则右半部分显示出各种面板，如图 7-131 所示。选择你要的时钟，如带框架的，拖入到界面编辑窗口中。如图 7-132 所示。双击点击选上确定时间、日期即可，如图 7-133 所示。

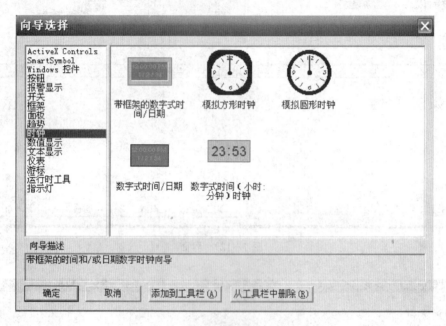

图 7-131　界面

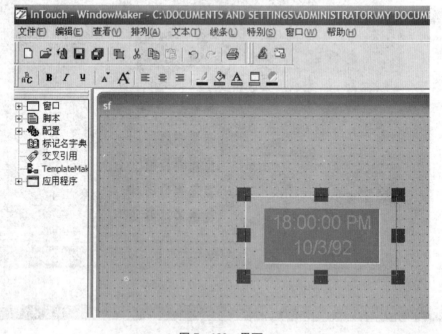

图 7-132　界面

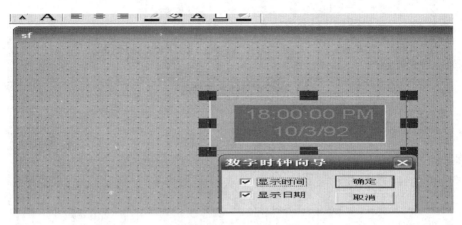

图 7-133 界面

方法 16. 用位图、文本来表示正常、报警状态的综合应用过程

1) 以温度传感器的设置为例。当简单的文本与位图建好后,如图 7-134 所示。

2) 对文本进行设置:即对上图中的报警与正常进行设置。双击文字报警,弹出如图 5-135 所示的编辑界面,点击可见性与闪烁,进入如图 7-136 所示的编辑窗口,填好表达式名,然后将鼠标移至表达式的中间双击,进入对变量类型(I/O 离散)、访问名以及项目名的编辑过程。图 7-136 是对可见性编辑,闪烁编辑一致。

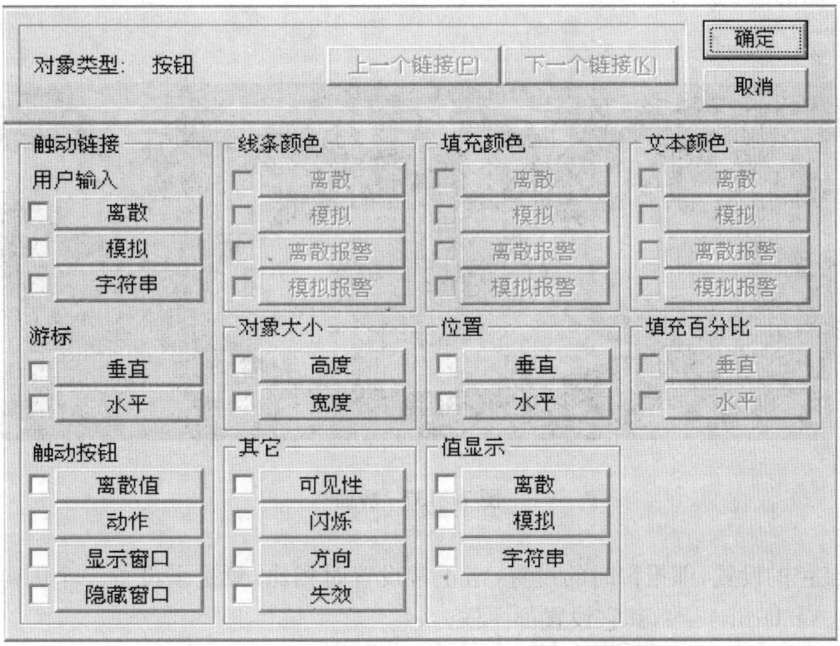

图 7-134 界面

图 7-135 界面

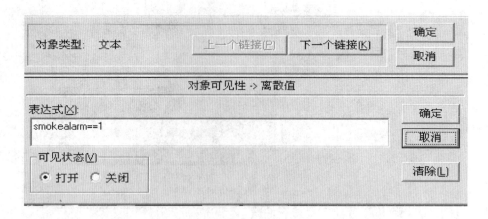

图 7-136 界面

3) 文本正常的编辑：方法同上，只是表达式＝＝0。因为我们是用＝＝0与＝＝1来区别正常与报警的。最后可以把正常与报警两个文本进行重合在一起或不重合。

方法 17. 用设置颜色来表示正常、报警状态的综合应用过程

1) 用椭圆图标与文本先在界面上设置出如图 7-137 所示的演示画面。假如我们绿色代表正常，红色代表报警。在这里，我们对绿色即正常进行设置，当双击绿色图标时，弹出图 7-138 所示的编辑窗口，点击可见性，弹出如图 7-139 所示界面，填写表达式如 sgalarm＝＝0，然后将鼠标移至表达式的中间双击，进入对变量类型(I/O 离散)、访问名以及项目名的编辑过程。

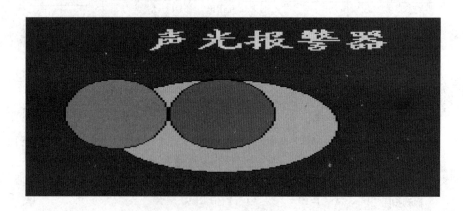

图 7-137 界面

2) 红色的设置，即报警时的设置，与正常设置时相比，只是多设置一个闪烁型，然后表达式是 sgalarm＝＝1，其它设置都一样。

3) 最后将红色与绿色图标叠加在一起。

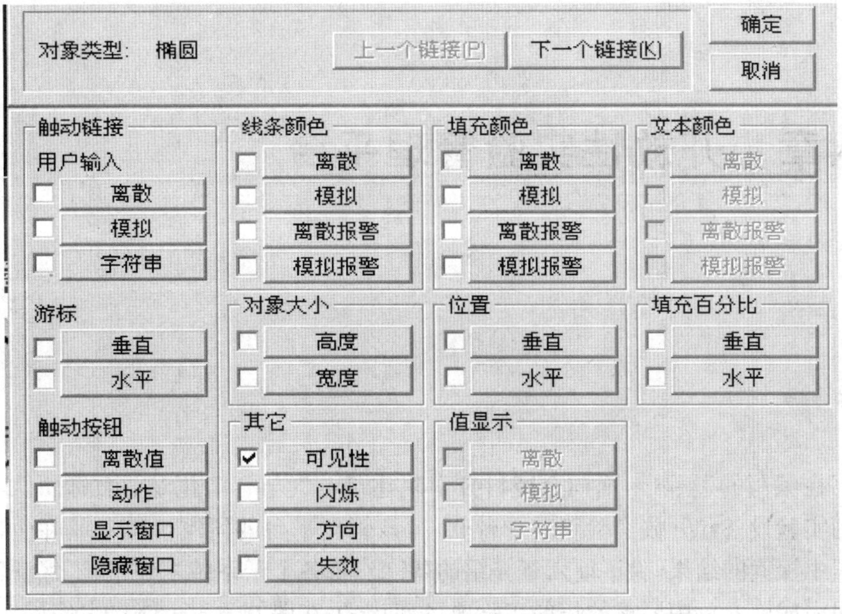

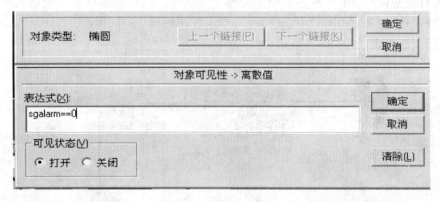

图 7-138 界面

图 7-139 界面

方法 18. 复选框制作

1）制作复选框则用 windows 控件中的复选框，将文字改为周日～周六。类型为 I/O 整形，项目设置：rTimer.nvi_week_day 中，若是周日则为 rTimer.nvi_week_day.bit0，若是周一则为 rTimer.nvi_week_day.bit1。

2）windows 控件文本框的添加，类型设置为"内存消息"，项目设置：若为开灯"时"，则 rTimer.nvi_timing_tab[0].bit1，若为开灯"分"，则 rTimer.nvi_timing_tab[0].bit2。

第八章 开放性实验管理平台

本书在编写的过程中,面向金陵科技学院建筑电气与智能化专业教师团队与公司联合研制的实验设备和开放实验管理平台软件,该管理平台的研制也是专业师生在多年的教学积累中探索的结果,除了前六章介绍的智能建筑各个子系统之外,为了保证学生有充足的时间完成前六章中要求的拓展实验项目,使学生在课外学时也能自主使用实验设备,完成实验内容,我们在建设软、硬件平台的同时,积极与企业合作,共同开发了独具特色的,具有自主知识产权的开放性实验室管理平台软件。通过此平台实行全新的实践教学过程管理模式,建立了由实验中心管理员、专业任课教师、学生团队三者联动的开放性实验室管理创新模式,如图 8-1 所示。

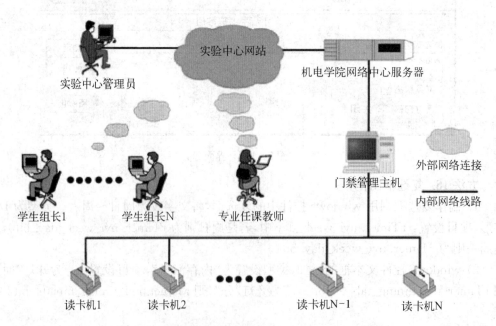

图 8-1 开放性实验室管理平台网络拓扑结构图

本章我们要对该平台的使用做个简单介绍,以便读者能开拓性、创造性地使用本教材完成综合性、设计性工程化程序设计的全部实验课程。

一、实验中心管理员

1) 通过实验中心网站平台,规划并安排学生组长的实验室开放安排,并给予申请学生及专业教师开放计划安排信息回复及确认。得到实验中心管理员确认的教师和学生可以使用其校园一卡通在申请的时间段内刷卡进入实验室,实现完全自主安排实验内容和实验时间的目的。

2) 对授权学生组长进行开放性实验授权信息下载或更改。

3) 实验中心管理员通过实验中心网站平台系统,可以统计出实验室的开出率,实验室的使用情况如设备维修、台套数、型号等情况,并在网站上公布。

二、专业任课教师

1) 任课教师通过实验中心网站提交开放实验课程申请,提供教师姓名,工号开设实验课程等信息,申请进入实验室的权限及时间。

2) 通过实验中心网站提供学生组长姓名及学号,即建议开放时间计划。

3) 通过实验中心网站获得并确认实验室开放的授权信息,时间安排等信息,并可打印出实验室开放时间表。

4) 通过实验中心网站报告实验设备在使用过程中的状况。

5) 老师申请开放式实验操作方法:首先:输入用户名:老师工号,初始密码:工号后4位数字,验证码:♯♯♯♯,选择类型为"老师"。如图8-2所示。

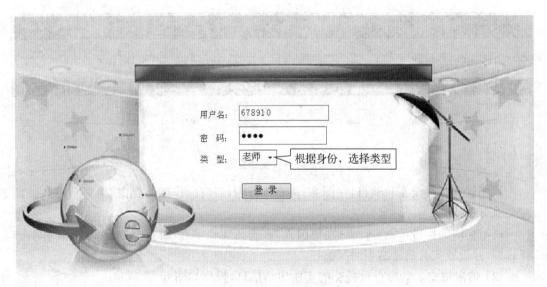

图8-2 用户注册界面

根据身份,选择类型点击"登陆",显示"**登陆成功**",进入老师管理面板,如图8-3所示。

老师管理界面共分5大功能菜单:**实验申请、信息管理、提交报告、申请审核以及安全退出**。

图 8-3 管理面板界面

(1) 实验申请。根据实验项目提出申请,操作如图 8-4 所示。

图 8-4 操作界面

根据管理员所设实验项目,在图 8-4 右侧框内,对应操作栏处点击"申请",进入如图 8-5 所示。

填写相应的栏目:如实验人数、每组人数,选择实验室、班级信息、类型、实验时间、选择日期,并设置实验起始结束时间。

(2) 信息提交。老师查看提交的实验申请信息,操作如图 8-6 所示。

(3) 提交报告。实验后对实验室使用情况,如故障报修、仪器维修的报告提交给管理员。

(4) 申请审核。查看学生提交的实验申请,老师进行初审,如图 8-7 所示。

点击"审核"后,出现如图 8-8 所示。

(5) 安全退出,如图 8-9 所示。

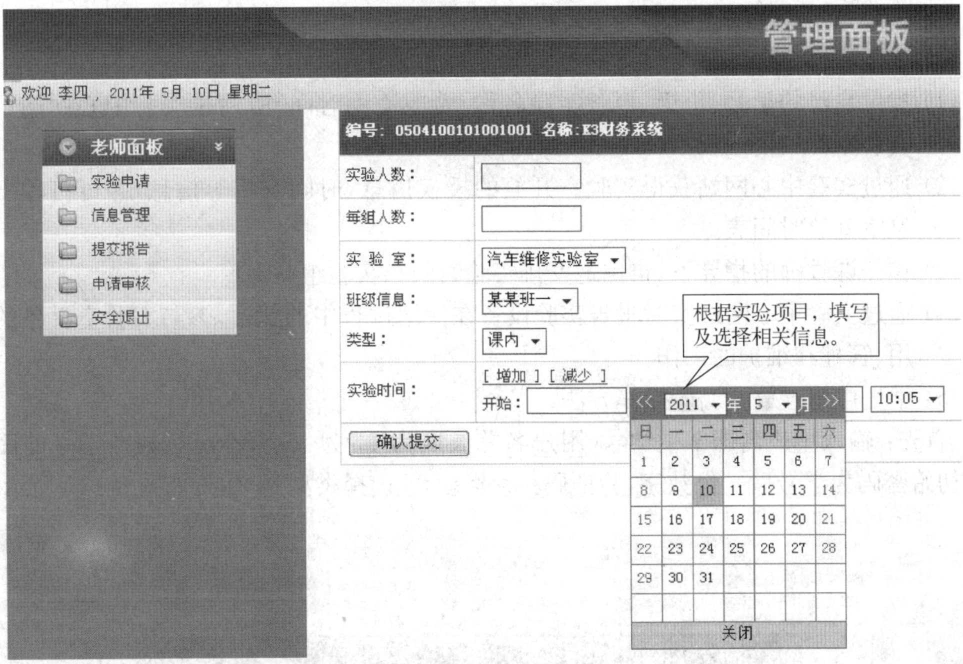

第八章 开放性实验管理平台　117

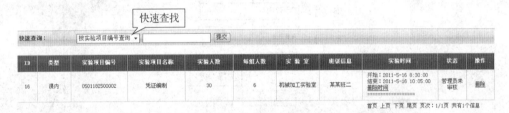

图 8-5　操作界面

图 8-6　操作界面

图 8-7　操作界面

图 8-8　弹出窗口

图 8-9　弹出窗口

三、学生组长

1) 提供自己的学号、班级、拟做实验名称、希望使用时间等,通过实验中心网站申请实验室开放使用权。
2) 通过实验中心网站获得实验室开放的授权信息,时间安排等信息,并可打印出实验室开放时间表。
3) 在任课教师的指导下,自主地安排实验时间和实验组。
4) 通过实验中心网站实时报告实验设备在使用过程中的状况,参与实验室设备的使用、管理和维护的工作。
5) 学生申请开放式实验操作方法:

首先:输入用户名即学生学号(用户名总长度为 11 为数字,不足位数在学号前面补0),初始密码为学号后 4 位数字,验证码:♯♯♯♯,选择类型"学生",如图 8-10 所示。

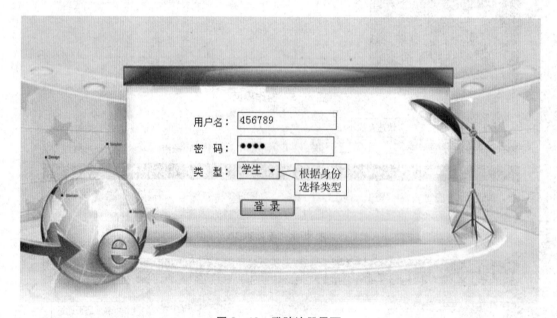

图 8-10 登陆注册界面

点击"登陆",显示登陆成功,进入学生管理面板,如图 8-11 所示。

学生管理界面共分 4 大功能菜单:**实验申请、信息管理、提交报告以及安全退出**。

(1) 实验申请,操作如图 8-12 所示。

根据管理员所设实验项目,在图 8-12 右侧框内,点击操作栏目的"申请",进入如图 8-13 所示。

填写相应的栏目:如实验人数、每组人数、选择实验室、班级信息、选择指导老师、实验时间、选择日期,并设置实验起始结束时间。

(2) 信息提交。学生查看提交的实验申请信息,操作如图 8-14 所示。

(3) 提交报告。实验后对实验室使用情况,如故障报修、仪器维修的报告提交给管理员。

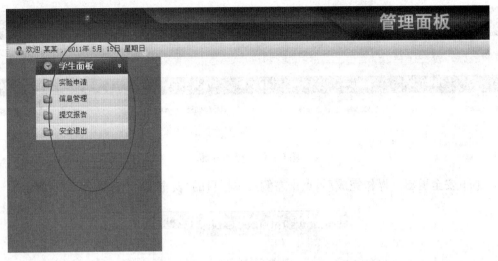

图 8-11　管理面板界面

图 8-12　操作界面

图 8-13　操作界面

图 8-14 操作界面

(4) 安全退出。操作完成后，点击左侧菜单栏目的"安全退出"，如图 8-15 所示。

图 8-15 弹出窗口

该实验室管理平台的最大特点是：将学生团队纳入到实验室设备的使用、管理和维护的工作中，改变了通常学生与实验室设备单纯的使用与被使用关系，使学生在自主进行实验的同时，也是参与到实验设备的管理和维护中，这不仅实现了实验设备维护的常态化管理、减轻了实验室工作人员的劳动强度，也提高了学生自觉维护实验室设备的责任感和自觉性，培养了学生良好的工作习惯和职业素养。

创新的实践教学管理模式，实现了实验准备、网上实验预约、现场实际操作、设备自动管理、过程全程监控。学生以自主式、合作式、研究式等方式完成各种实践训练，有效锻炼了学生的自主实践能力、团队合作意识及工作责任心。

各个开放实验室根据教学进度由教研室与实验中心确定实验项目内容和所需学时。各开放实验室开放时间为周一至周日 8:30～21:30，开放时间段(约 14 小时)。学生可以选择任意时间段进入实验室。开放实验室的使用主要由开放项目负责人(或项目成员组长)通过实验室管理平台进行开放项目申请，实验中心管理人员进行审核，然后根据审核结果安排实验室开放。各个开放实验室器材由实验中心提供，中心对各开放实验室派有专人对室内实验设备、安全卫生、开放时间等工作进行管理，并负责资料登记汇总、整理工作。在开放时间段实验中心可安排相关的指导老师进行辅导，解决相关问题。学生进入实验室必须严格遵守开放实验室的管理制度。